新・ココロの片づけ術

「自在力」

自在力

[日] 山下英子 著

陈 颖 译

 广西科学技术出版社

著作权合同登记号：桂图登字：20-2014-268号

JIZAIRYOKU: SHIN·KOKORO NO KATADUKEJUTSU" by Hideko Yamashita
Copyright © 2013 Hideko Yamashita
All rights reserved.
Original Japanese edition published by Magazine House Co., Ltd., Tokyo.

This Simplified Chinese language edition published by arrangement with
Magazine House Co., Ltd., Tokyo in care of Tuttle-Mori Agency, Inc., Tokyo

图书在版编目（CIP）数据

自在力／（日）山下英子著；陈颖译.—南宁：广西科学技术出版社，
2015.4（2017.3重印）
　　ISBN 978-7-5551-0393-6

　　Ⅰ.①自… Ⅱ.①山…②陈… Ⅲ.①人生哲学—通俗读物 Ⅳ.①B821-49

中国版本图书馆CIP数据核字（2015）第046567号

ZIZAI LI

自在力

作　　者：[日]山下英子	翻　　译：陈　颖
策划编辑：王　絮	责任编辑：陈恒达　冯　兰
产品监制：陈恒达	责任审读：张桂宜
装帧设计：古涧文化	版权编辑：尹维娜
责任印制：林　斌	责任校对：曾高兴　田　芳

出版人：卢培钊	出版发行：广西科学技术出版社
社　　址：广西南宁市东葛路66号	邮政编码：530022
电　　话：010-53202557（北京）	0771-5845660（南宁）
传　　真：010-53202554（北京）	0771-5878485（南宁）
网　　址：http://www.ygxm.cn	在线阅读：http://www.ygxm.cn

经　　销：全国各地新华书店	
印　　刷：中国农业出版社印刷厂	
地　　址：北京市通州区北苑南路16号	邮政编码：101149
开　　本：787mm×1092mm　1/32	
字　　数：96千字	印　　张：5.5
版　　次：2015年4月第1版	印　　次：2017年3月第10次印刷
书　　号：ISBN 978-7-5551-0393-6	
定　　价：32.00元	

献给我的瑜伽师父和合气道师父

通过践行断舍离、丢弃东西所获得的，使生活愉悦的力量；通过对物品的精挑细选，锻炼选择和决断力，确立自我中心，在此过程中所获得的自立、自由、自在的力量；于必要时刻，邂逅必要的人、事、物的力量。它将与提倡深刻的洞察、高远的观点、广阔的视野的俯瞰力一起，带来一场人生革命。

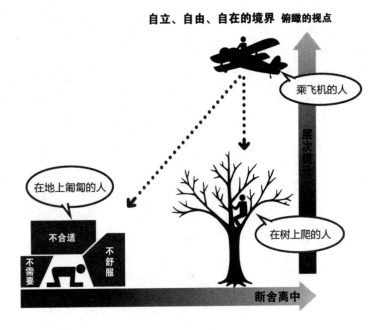

序

欢迎开启这场"自在力"的天空之旅

"你想做深陷泥潭的鲶鱼，还是在清水里畅游的香鱼？"

对断舍离实践者来说，这个比喻应该并不陌生。

如果只知道一味收集物品，却不懂得放手，就会活得如同栖息在泥潭中的鲶鱼一般。物品流入的闸门大开，出口却始终紧闭。物品堆积如山，以致河流淤塞、水流停滞，而人就像是生活在其中的鲶鱼。但是，只要打开出口的闸门，清除淤泥，即不需要的物品，便可使水流恢复通畅。人就能像香鱼一般，在清澈的水中畅快游移。

一句话概括断舍离的理念，即通过整理物品，获得如同香鱼在清水中畅游般的自在生活。而整理的对象，并不仅限于物品，还包括眼睛看不见的思想和感情。我们中有些人因烦恼而失去思考的能力，长期深陷在负面情绪的图圈中难以自拔；有些人被他人的价值观左右，无法活出自我本色……

断舍离，便是让身处困境的我们，重新审视自我与人、事、物之间的关系，精挑细选出对当下的自己而言"需要、合适、舒服"的物品，从而达到对选择力和决断力的磨炼。

通过选择和决断，你将摆脱——

依存心、依赖心、责任转嫁。

拒绝、缺乏理解及否定。

无法抛开烦恼，感受力钝化的自我。

不自觉、不用心、缺乏前瞻性的自我。

总而言之，即"磨磨蹭蹭、优柔寡断、含糊不清"的自我。

渐渐地，你将获得——

对自己的信赖、自我肯定感、喜欢自己的自我。

对他人的理解与接纳。

深思熟虑的能力，丰富的感受力。

有意识地自觉进行整理的自我，无限的开放感。

总而言之，即"痛快、干脆、率直"的自我。

不知不觉中，你将确立起不可撼动的自我轴心，成为决心与勇气兼备的乐观主义者。表面看来，断舍离是在更换物品。实际上，它也让我们抛弃了无形世界中的"不需要、不合适、不舒服"，获得"需要、合适、舒服"。也就是所谓的整理心灵。更进一步，便是断舍离的终极阶段，即本书的主题——将命运掌握在自己手中，得以亲手开拓人生的"自在力"。

接下来，我再给大家打个比方。这个世界上，存在三种人：

在地面匍匐的人。

在树上爬的人。

乘飞机的人。

在地面匍匐的人，即无法自觉丢弃"不需要、不合适、不舒服"的物品与信息的人，或是知道有必要这么做却无法付诸实践的人，以及纠结于过去，又对未来感到不安和忧虑，无法活在当下的人。他们爬不上树，甚至没有爬上树的念头，更不要说乘飞机了，恐怕连怎么乘飞机都不知道，自然只会遇到同样在地面匍匐的人。

在树上爬的人，即开始学习丢弃"不需要、不合适、不舒服"的物品与信息的人，不过偶尔会忘记和懈怠。对于活在当下的重要性了然于心，却还是"可是……""但是……"，犹豫不决反反复复。他们能清晰地看到在地面匍匐的人所处的状态，稍不留神就有可能落回地面。此外，他们也乘不了飞机，同样连乘坐方式都不知道，也做不到自己主动去见乘飞机的人。

乘飞机的人，即面对任何物品都能在得到时便做好放手准备的人。他们能够不早不晚地邂逅必要的人、事、物。当下的熊熊烈火，时刻在他们心中燃烧。从空中眺望，尽收眼底的景色，完全不是地面和树上的人想象得到的。他们始终能俯瞰整片大地，假如有必要，也能偶尔降落在地面，爬上树或匍匐于地。

综上所述，只有乘飞机的人身处的高空，才是自立、自由、自在的境界。乘飞机的人所拥有的力量，就是本书的主题——自在力。

既然生而为人，相信谁都肯定想尝试一下进入自立、自由、自在境界的滋味。既然如此，为什么不掀起一场生活方式的革命，摆脱在地面和树上爬行的生活呢？

事实上，断舍离，就是那张搭乘飞机的机票，指引你走向自在生活境界的路标。

　　断舍离的"离"，就是"离开陆地"的"离"。这次人生的起飞，是一场以获得自立、自由、自在为目的的飞行。让我们一起来整顿好滑行道，然后，开始滑行起飞吧！

　　Let's断舍离！Get自在力！

目 录

Contents

第四章
Chapter 04

运用俯瞰力，
在高处把握人、事、物　105

第一章
Chapter 01

断舍离，绝非随意丢弃

断舍离究竟是什么呢？首先，请将注意力聚集在思想、感情以及关系等看不见的领域，而非物品本身。这样一来你就会发现，我们其实可以凭借自己的力量「爬上树」，甚至「坐上飞机」。

Part 01

透过物品，
看到心灵的形态

断舍离——

·清除不需要、不合适、不舒服的物品。

·意识觉醒的过程。摆脱不自觉与无意识。

·更换。将不需要、不合适、不舒服替换为需要、合适、舒服。

·精挑细选出对当下的自己而言重要的物品，切忌稀里糊涂地全盘接纳。

·重新审视习以为常的前提背景。重新审视理所当然的观念。

·修复新陈代谢，回归"流动的状态"。

·遵循宇宙法则的生命机制。

我们可以从多种角度，用不同的语言诠释断舍离的意义。可如果非得用一句话点明断舍离的精髓，我会这样回答：

"断舍离，即重新审视关系。"

这里所说的关系，泛指我们与人、事、物之间的各种关系。断舍离要求我们时刻关注当下自我与他人之间的关系，需要明确分辨的既不是"我"，也不是"物"，而是两者之间看不见的那个东西——关系。

众所周知，断舍离是指导我们舍弃不需要、不合适、不舒服的物品的方法论。那么，这种方法论的目的究竟何在呢？让我们维持居住场所的舒适环境？虽然这种说法也没错，然而事实上，可以毫不夸张地说，**断舍离这种方法论的终极目标，就是让我们掌握本书的主题——自在力。**

下面，我将围绕"关系"这个关键词，为大家分析一下究竟什么是自在力。

说到底，本来应该通过断舍离整理的，就是我们的心，而不是物品，物品只是思维的证据、心灵的形态。之所以这么说，是因为物品是我们经过选择和决断，经由接受、购买等途径获得的结果。每一个物品都通过各自不同的途径，于当下来到我们面前。因此，我们居住和工作的场所等等当下所处的空间，摆满了反映我们内心状态的物品。

没错，**断舍离就是试图以有形世界为媒介，来改变以思维和感情为代表的无形世界的方法论。**

或者也可以说，物品是关系的投射。喜欢的人送的礼物，往往使人欢欣雀跃；相反，讨厌的人给的东西，往往叫人不知所措。拥有某件物品时内心真实的情感状态，如实地反映了我们与赠予者的关系。

此外，假如你与家人同住或与人合租，物品则很可能会成为你与对方争夺势力、划分地盘的武器。也许你过去一直都认为"都怪那家伙，房间才这么乱"！而一旦开始尝试断舍离，你或许就会发觉，大部分的垃圾其实都是你自己的。别人的东西，通常看起来更像垃圾，是因为我们总是惯于将自己正当化。

总而言之，物品与人际关系之间也有着密不可分的关系。

因此，物品是物而又非物。这话听起来，可能有点禅宗的味道，不过在断舍离的理念中，物品就是无形事物的具象化。

通过直面物品，看清自己的思维及感情的状态，这便是断舍离。

Part 02

看清当下的**自我**

在直面物品，重新审视自己与物品之间关系的过程中，必须遵循两个标准，一是"我是否用"，二是"现在是否用"。理清这两个问题，才能真正舍弃不需要、不合适、不舒服的物品。在这个过程中，我们很容易把关注的焦点放在舍弃这个行为上，但说到底，**舍弃不过是重新审视关系的结果罢了**。

当你把堆积如山的废品清理完毕，就证明你已经通过问自己"我是否用"，强化了自我轴心；同时通过"现在是否用"这个问题，强化了当下这个时间轴心。从此以后，你就会在生活中体验到前所未有的解放与舒畅。此时的断舍离，便已不再是单纯的物品整理术了。

进一步来说，不仅仅是物品，我们看待平时的习惯、口头禅，以及人际关系的视角也会发生变化，而断舍离则自然而然地在这些方面得到了展开与运用。

持续不断地审视关系，"当下的自我"的轮廓便会越来越清晰。这种变化会同时发生在精神层面和物理层面。

现在社会上有不少人都在强调活在当下的重要性。不过相信很多人都感觉，光是心里明白并刻意进行训练，往往很难看到实际效果。所以，我们应该从内在、物品以及场（空间）这三个方面，多角度强化"当下的自我"。只有这样，才能为人生带来翻天覆地的变化。转行、离职、迁居、结婚、离婚、再婚、生育……这些变化，我本人在实践过程中也有所体验，许多读者也曾给过我类似的反馈。

学会在各种情况下重新审视关系，将会改变你的生活方式，这便是自立、自由、自在的境界。自在力能让我们获得以真实的自我充分享受人生的能力。

所谓自立、自由、自在的境界——

·**自立**：辨明关系的本质，面对任何事情，都能采取"自己提出要求，自己开始行动"的姿态。是以自我为轴心的我。

·**自由**：正因为已经确立了自我轴心，必要时，也可做到以他人的观念为轴心采取行动，灵活应对。是临机应变的我。

·**自在：**不被善恶、正误等二元论或其他不必要的观念左右，接纳本原状态下的思维、感情、感觉，胸襟宽广。是能够俯瞰的我，以及对伟大的事物心怀感恩的我。

从中获得的自在力是——

·**一种给我们带来好运的力量。使我们在必要时邂逅必要的知识与人际关系，并带来一场生活革命。**

·**一种让我们在好运中得益，在厄运中学习的智慧。**

·**一种令我们超越自己和他人的愿望与期待，实现心中真正渴望的力量。它让我们成为决心与勇气兼备的乐观主义者，积极参与（提出要求、意见，奉献）自己、周围和社会的事务。**

如果用演奏乐器来打比方的话，了解断舍离的理念、刚开始舍弃物品的阶段，就像刚刚开始学吉他。尽管还不习惯，却必须坚持不懈地练习，循序渐进地掌握演奏方法，然后才能根据乐谱来演奏，甚至加入一些自己的即兴编排。

自在的境界则像是即兴演奏。根据当下的心情和感觉弹奏出的旋律，即便是挚友之间也各具特色，毫无雷同。人的潜意识比意识更加深刻，从潜意识里自然流淌而出的音符，必会组成一首美妙和谐的协奏曲，这是毫无觉知的人没办法独立完成的。只有拥有自在力的人，才能进入这个美妙和谐的世界。

Part 03

那些莫名其妙就是
扔不掉的东西

接下来，让我们再一次回到住所中。

是否时常有些东西，令你感觉"莫名其妙就是扔不掉"呢？

那些怎么看都是垃圾或废物的东西，不必经过深思熟虑就能丢掉；而那些我们认为重要的东西，则不会成为丢弃的对象。"莫名其妙就是扔不掉"的东西，往往就在你眼前，你想扔，却莫名地犹豫了。又或者你认真面对了，却透过它们看到了一些无力解决的难题，便决定对其视而不见。

首先，如果不直面这些"莫名其妙"，它们便会继续肆无忌惮地挤占有限的住所空间。明明很碍事，令人不舒服，现在也不用，可为什么就是扔不掉呢？

■获赠物品中包含的信息

- 经过怎样的选择和决断，才留下了它？
- 自己与赠予者之间是怎样的关系？

↓

当下，
这件物品和我之间的关系是活跃的吗？

实际上，这些令你纠结"莫名其妙就是扔不掉"的东西，正是帮助你建立并强化自我轴心的绝佳道具。想过自在的生活，必须首先强化自我轴心。不要逃避不快感，相反，应当拿出勇气直面并审视它。

此时，我们要提出一个本质性的问题："**当下，这件物品和我之间的关系是活跃的吗？**"

一开始，物品对你而言，也许只是物品。它们"还没坏""能用""扔掉太可惜了"。

或者，你在看到某件物品时，脑海里就会浮现送这件物品给你的人，想着"这是那个人送给我的"。

又或者，你会觉得"它曾经对我很重要""也许将来某天还能派上用场"，将焦点转移到过去和未来上。

在这个紧要关头，一定要坚持聚焦于当下。

如此一来，看不见的关系便会从模糊到清晰，直至被我们完全掌握。这就像在观赏一幅错觉画，稍微改变一下视角，便能看到截然不同的画面。

这种训练，能让我们明白，那些无形的、看不见的事物，才真正在起主导作用。

Part 04

抓住事物的**本质**

"莫名其妙就是扔不掉"的东西，并不仅限于物品。事实上，反反复复萦绕心头却毫无头绪的想法，也就是那些压迫我们精神的"烦恼"，也在这个范畴之内。它们都长久地盘踞在住所和心里，令我们痛苦不堪。

以断舍离的理念而言，"扔不掉的物品""烦恼"甚至"疾病"，抽象点说，本质上都是相同的。它们分别反映了我们在不同领域中的不健全，"扔不掉的物品"反映的是物理世界，"烦恼"反映精神世界，而"疾病"反映的则是身体。

一旦面临这些问题，我们很有可能会采取以下三种错误的应对方法：搬出家务劳动的观念贬低自己，将自己定性为"不会收拾"；责备自己"正值适婚年龄却结不了婚"；不知不觉间，将自己定义成"患有××病的人"。而断舍离则让我们凭借自己的思考，重新审视这些观念和话语的源头，即重新审视所谓的前提背景。

在接受这些观念和话语的评判之前，鼓起勇气直面并审视那些不健全产生的原因，从而进一步认识到，既然正在为它们而烦恼，那么其中一个原因，应该归结于我们自身。先从这里开始提出疑问，再慢慢解决问题。

曾有一位断舍离研讨小组的学员向我倾诉她的烦恼："孩子患了ADHD（注意力缺陷、多动障碍症），把家里弄得乱七八糟的，我根本就拿他没办法。"

在研讨小组里，我遇到过许多有同样烦恼的人，因此非常理解她的情况有多为难。不过，虽然从医学上将孩子的这种状态定性为多动症，父母还是可以选择采取以下两种不同的态度：一种选择认为孩子"不过是活泼了点，不擅长收拾东西罢了"。另外一种是一开始就把孩子对号入座，认定自己对此束手无策。这两种应对方式带来的后续发展会截然不同。

当然，也许孩子的确需要专业的医学帮助，但是在下判断之前，请务必仔细观察孩子的自然状态。在此基础上，也许家长会发现，事实上只要改变自己和孩子之间的关系，就能带来一些变化。这一点，还望各位家长切记。

Part 05

减法解决法

近来，社会上十分推崇简单生活的理念。如果用日式思维来诠释，所谓的简单，就是品味空间的妙趣。充盈于空间中的，是物品与自我之间协调一致的关系。当下，日本人似乎正在本能地试图回归到传统的日本模式。

可以说，**断舍离就是给住所中的物品做减法**。有趣的是，给物品做减法，会转变成给心灵做加法。我们所持有的"没有它们就会不安"的想法，囤积起来的物品，全都是我们内心不安的力证。因此，我们才必须强迫自己放手，之后才能进入"船到桥头自然直""没有也无妨"的安心境界。

换句话说，就是逆向思维。**既然让我们囤积物品的是不安，那么丢掉物品，不就能丢掉不安了吗？**

当然，这并不等同于一味地丢弃。获取，也是人类的重要本能。然而，在当下的日本，整个社会的各个领域，都因过剩而淤塞不堪。物资过剩，信息过剩，营养也过剩。

没错。所以最重要的是，**在向着某个目标奋勇前进之前，先扫除阻碍。这是摆脱淤塞人生，重获活跃的新陈代谢，迈向自在生活的第一步。**

只要障碍不断减少，我们便能自然而然地朝着心中原本想去的方向前进。换句话说，就是吸气之前，先呼气。呼气之后，自然想吸气。吸气之后，又想呼气。不管是练瑜伽还是实践断舍离，呼吸都是重中之重。

不知不觉间，我们成了只知吸气、不知呼气的人，一天到晚地专注于攫取些什么。有些人误解断舍离"只会教人扔东西"，但我不过是在试图告诉大家，若想呼吸恢复正常，首先必须放手，放手，再放手。

获取之前，先放手。这是生命的机制。我们就是因为在这一点上没有自觉，才会把问题复杂化。

了解了减法的重要性，也掌握了实践能力，接下来，就让我们一起回归新陈代谢活跃的人生吧！因为我们本就应当如此。

Part 06

生活的品位，
必须靠自己磨砺

在一段时间里，坚持清理物品的习惯，思维也会慢慢得到整顿。一旦思维获得整顿，心情便也得到了整理。心情得到整理后，自然地，对物品的整理就会出现戏剧化的进展。不知不觉间，住所里开始有余裕了，那是能让我们缓缓地深呼吸，全身充满力量的地方。住所的整洁，会让思维逐渐清晰明朗起来，而思维的明朗又进一步让心情变平静……像这样，类似沿着螺旋阶梯前行、循环往复的模式，便是断舍离的模式。

或者，也可以这么说，通过重新审视关系，关系的质量获得了提升。关系的质量获得了提升，思想的质量自然也上升了。思想的质量上升了，行动的质量便高了。行动的质量高了之后，行动结果的质量也会变高。这样一循环，关系的质量也将进一步提升。这是另一种螺旋阶梯。

而这一连串永无止境的螺旋阶梯之旅，最终将提高人生的质量。

说起来有点不好意思。大家都喜欢别人怎么夸自己呢？我最喜欢别人这么夸我：

"你的品位可真好啊。"

品位，感觉。正是它们，左右着人生的质量。它们由先天条件决定，想靠后天努力获得似乎很难。简单说来，有品位的人，运气就是好；没品位的人，运气就是差。没品位的人不是在背后议论别人"那人真没品位"，就是被别人那么批评，一言以蔽之，就是生活毫无逻辑可言。

而通过断舍离，我们便能获得自己向往的那种有品位的生活。它使我们获得瞬间把握事物本质、掌握诀窍、知晓"这样做会比较顺利"的力量，并将其运用在生活中。开启断舍离之门的钥匙，便蕴藏在"空间"中，蕴藏在明确看清"关系"中。

用瑜伽用语来说，品位即"内在智慧"。内在智慧，是引导身体和心灵走向舒适，并维持这种舒适感的感应能力。每个人原本都拥有这种能力，它不过是沉睡在堆积如山的不需要、不舒适、不舒服的物品以及纠结反复的思想和情感深处，尚未开发而已。

事实上，任何人都能磨砺出品位，赢得精彩生活。人人都能大放异彩，生活本身也会越来越有趣。生活这个词，本就写作让"生""活"起来，若真能如此，就太棒了。

通过断舍离，磨砺自己的生活品位。这就是自在力所要倡导的。

断舍离，即将焦点放在无形的关系上，并重新审视。它能帮助人们回归到传统的日本模式，最终提高人生的质量。

提问者（以下统称"问"）：我是个30多岁了还没结婚的女性。我扔不掉父母给我买的七层女儿节人偶，尽管二十年都没拿出来陈列过了。因为是父母送给我的纪念品，所以不忍心，就那么收着，但每次一想起那些人偶，心里就觉得堵得慌。如果可以的话，真希望能给它们做场佛事，都处理掉。

山下（以下统称"山"）：你跟父母表达过想处理掉这些人偶的心情吗?

问：我跟母亲提过这事儿，可她说："别开玩笑了。"他们觉得，只要我没结婚，就不能扔掉女儿节人偶，而且这些人偶又是他们精心挑选后买来送我的。

山：也就是说，你的真实心声是："我想扔，你们却不让我扔。"对吗?

问：是的。我不知道该怎么说服母亲，这让我很烦恼。

山：恐怕正是因为这种"你们不让我扔"的愤怒情绪反复萦绕在脑海里，才导致你的思维停滞，并且时刻处在烦恼

---

❶ 女儿节人偶：日本女儿节时摆放的身穿锦衣的宫装人偶，以精美华丽和做工细腻著称，在特制的雏坛上，一般为三层、五层和七层等奇数排列。人偶多由长辈赠送，一度成为女性出嫁时重要的嫁妆。

之中。可是，你想过问题真正出在哪儿吗？

问：我想应该是怎么跟母亲沟通，才能让她理解我的想法吧。也许是我的沟通方式有问题吧？

山：我比较在意的是你自我介绍时说的"还没结婚"这句话。为什么要加上"还没"两个字呢？你心里是否有个观念，觉得"还没结婚"是不对的，并因此责备自己？

问：……可能，有吧。

山：那是你自己的观念吗？还是父母的观念？或者是社会的观念？

问：……都有吧。

山：首先，你是不是把女儿节人偶当作了"正正经经早早找个人结婚的象征"，所以才对它们那么在意呢？但是，请想一想，那是你内心的真实想法吗？还是说，那不过是你父母的观念？其次，就解决方法而言，你也可以争取改变母亲的想法，但如此一来，只要母亲一天不允许你扔，你就得在烦恼中多纠结痛苦一天。你觉得能接受吗？

问：还是希望可以做点什么，结束这种痛苦。

山：首先你得重新审视"理所当然应该早点结婚"这种观念是不是你自己的。你会意外地发现，只要自己把这种观念摒弃掉，"都怪父母……"这种心理也就自然而然地消失无踪了。因为你和父母的关系绝对不是受害者和加害者的关系。然后，在此基础上，比起怎么说服父母，更重要的是先想清楚自己"究竟想怎么办"。因为这些女儿节人偶的所有者不是别人，而是你自己。说到底，觉得它们麻烦而苦恼不已的是谁？

问：是我。

山：那么，为什么不好好地重新问问自己，你究竟想怎么办呢？

第二章

整理物品的同时，也好好整理心灵吧

整理心灵是改变生活方式的第一道工序，即去除不需要、不合适、不舒服的思维与情绪。离开匍匐在地的状态，学会爬树。

Part 01

只要活着，
就会有难题

　　我自己，以及不断深入实践断舍离的人，都有一个共通点。

　　那就是，烦恼的时间逐渐减少了。

　　您觉得我在撒谎？不，这是真的。

　　当然，人只要活着，总会遇到各种各样的难题。但是，即便面对同样的问题，也可以有两种截然不同的态度。一是深陷烦恼的泥潭之中，以致烦恼变成怪兽，纠缠不休；一是轻松面对，继续迈入下一个台阶。

　　处于自在生活状态中的人似乎特别善于处理烦恼。从断舍离的角度来看，其中有什么奥妙呢？

■ 获得自在力的过程

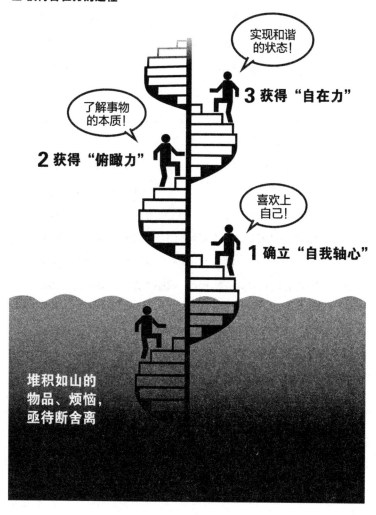

实现和谐
的状态!

3 获得"自在力"

了解事物
的本质!

2 获得"俯瞰力"

喜欢上
自己!

1 确立"自我轴心"

堆积如山的
物品、烦恼,
亟待断舍离

断舍离是一种减法解决法，因此当面临一些问题时，比起想做的事，他们一定会先弄清楚哪些是不能做的事。**加速之前，必须首先去除障碍。**但我们往往有个坏习惯，就是总急切地紧盯着想做的事不放。

在此基础上，我来简单概括一下，获取自在力的过程。

当前的我们，正被不需要、不合适、不舒服的物品、事情以及烦恼堆积而成的茫茫大海所包围，处在溺水的状态，急需解除"不可以做的事"这一障碍，逃出生天。

丢弃物品的方法，大家可以参考我前面的书。在本章中，我将为大家讲解烦恼的断舍离，即心灵整理术的要点。

只有经历这个过程，我们才能脱离地面。在第三章，我将与各位探讨如何弄清自己"想做的事"，即确立自我轴心，获得俯瞰力，继而获取自在力。

在这个过程中，我们仍然在不停地攀登这个螺旋阶梯，每天坚持实践断舍离。

那么，烦恼究竟是怎么产生的呢？

我们总是基于自己的价值观对他人做各式各样的期待。然而，那毕竟是我们自己的价值观，因此反馈回来的结果往往并不符合预期。如果能避免将自己的价值观强加于人，烦恼自然相应减少，可做到这一点对我们而言却那么难，这就是人性。

不停地抱怨"都是那个人不好""是社会出了问题"，非但消解不了烦恼，反而会令责备、怨怼的情绪不断累积，形成恶性循环。而这种期待和现实的差距，又让我们一直在不满和忍耐两种负面情绪之间徘徊，表现在有些人总是不停抱怨"……不为我做""……不让我做"。

没错，也就是说烦恼的多少，等同于"期待与现实的差距"中"差距的大小"。时间越长，烦恼就越多，并且越来越沉重、灰暗。

首先，**事实上，一味地空抱期望消极等待，问题可能永远得不到解决**。其次，另一个事实是，**期待与现实的落差会反过来伤害我们自身**。这两点，请各位务必铭记于心。

Part 02

心灵免疫水平
为什么这么低

的确，我们周围存在许多令人气愤的事情。按理来说，当你感到气愤时，是可以提高自己的免疫水平，避免受到烦恼产生源头的干扰的。

身体中的免疫功能是人类与生俱来的生命机能，可以帮我们抵抗疾病的侵袭。众所周知，即便体内有相同的病原体，由于抵抗力和生命力各异，不同的人表现出的症状也各不相同。而造成这种差异的原因，正是人体的免疫功能的运作情况。

也就是说，面对相同的问题，有些人一直耿耿于怀，有些人却完全不受干扰，也是因为人的心灵免疫水平各不相同。那么，为什么有些人能提高自己的心灵免疫水平呢？为什么他们可以那么泰然处之呢?

　　不过，由于断舍离是减法解决法，所以，在考虑"为什么他们的心灵免疫水平那么高"之前，我们还是要从解答"为什么我们自己的心灵免疫水平这么低"开始切入。

　　造成心灵的耐力水平、免疫水平低下的重要原因有以下三个——

　　·自我肯定感的欠缺。

　　·无意识地以他人为轴心。

　　·自我限制。

　　先来谈谈自我肯定感的欠缺。通俗地说，就是"没自信……""像我这种人不行啊"之类的自我感觉。

　　其次是无意识地以他人为轴心。即在自己没有觉察到的情况下，将他人的价值观作为自己的价值观的状态，例如父母、配偶的观念，或者社会及时代共同的观念。

　　最后是自我限制。这也许可以说是我们的本能，人类总是恐惧变化。因为害怕，所以会试图保护自己。在面对高于当下自己层次的事物时，产生"我配不上它，太惶恐了"的感觉，从而消极地选择维持现状。

Part 03

烦恼，
源自思考的停滞

　　为什么会越来越烦恼呢？那是因为我们处于停止思考的状态中。

　　之所以会一直被愤怒、哀伤等情绪左右，是因为大脑停止了运转。消极的情绪像一片厚重的乌云，笼罩着我们的心灵。我们的感觉麻痹了，心里只剩下无止境的烦躁。

　　在这里，我将进一步分析心灵免疫水平低下的三个要因。

　　烦恼的源头之一，是自我肯定感的欠缺。当你认识到"我好像缺乏自我肯定感"的时候，请首先想一想"为什么会缺乏自我肯定感"。这是第一步。

认为自己不行，通常是因为有比较对象。

"那么，我究竟在跟什么作对比呢？"

"如果我不行，那么行的状态又是怎样的呢？"

"说到底，为什么在与人对比时，我总是关注自己的弱点呢？"

直面平时忽略的这些问题，审问自己。

烦恼的另一个源头是无意识地以他人为轴心。当你觉得"我不行"时，往往会出现一个"希望被人觉得很好的我"，或者更准确地说，是"不想被人觉得不好的我"。这种状态下的你，不知不觉中正在以他人为轴心。

然而，对那个"不想被人觉得不好的我"的人，"我自己又是怎么想的呢"得到的答案几乎都是出人意料的。

想想看，你其实应该挺讨厌那个人的吧？明明很讨厌，却希望给对方留下好印象，不希望对方觉得自己不好。为什么呢？

那是因为，我们脑中有"不能讨厌别人"这一价值观。

孩子们刚进入小学时，老师都会教育他们"不能吵架""一个班的小朋友要团结友爱""要交到一百个朋友"，等等。

真要是交了一百个朋友就了不得了！仔细想来，那样真的好吗？恐怕每天都得忙得焦头烂额吧。老师教育学生"不能吵架"，可是自己却可能正陷在办公室斗争的泥潭里。教师办公室里也有霸凌，因为霸凌事件受伤而来断舍离研讨小组寻求帮助的老师，多得数也数不清。

虽然在不知不觉中被灌输了"必须跟许多人友好相处、必须和大家友好相处"的价值观，但真的遵循并执行起来，却非常痛苦，需要强迫自己忍耐。就是这样，从很小的时候起，这些观念就开始一点点不断侵蚀着我们的自我意识。而这样的我们，正是以他人为轴心这种惯性思维模式的始作俑者。

此外，我们还恐惧失败。恐惧失败是人类的本能，然而，如果为其划分种类，就会发现以他人为轴心的思维模式，即"对于被讨厌的恐惧"，占据了相当的比重。否定自己真正想表达的，担心"说了这样的话会不会被讨厌"，进而打消最初的念头。就是这样的思维模式，将我们的精神五花大绑了起来。当我们真正做到"随便别人怎么想"时，会觉得十分轻松。然而，我们往往很难从内心深处，真正允许自己这么做。

"不可以讨厌别人。"夸张点说，这和说"不可以喜欢别人"的意思是相同的。因为从根本上而言，都是同一种感情。

我们会喜欢人，也会讨厌人，自然而然，毫无理由，更无法用理论来解释原因。一个人，一定会有"合不来的人"和"合得来的人"，两者的存在都是合理的。然而，"合得来"却被社会标准认为是善，而"合不来"则沦为非善。至少，社会上普遍认为，不该将后者摆在台面上。

我们就被置身于这样的压力之下，因此首先应当对此有自觉。

虽说如此，假如总是随心所欲地说话、行动，会引起许多人际关系上的摩擦，带来不必要的麻烦，因此只要能意识到这个问题就可以了。"虽然不喜欢，但碍于社交规则，只好采取这种策略。"但是，我们往往在无意识、不自觉的状态中这么做，逐渐地，潜意识层就堆积了许多沉淀物。或者是，觉得自己真正的想法就像在缺氧状态下无法完全燃烧似的，光冒烟不起火，而这会以某种不确定的形式给身体和心灵带来负面的影响。

烦恼的最后一个源头是自我限制。自我限制，源于害怕变化的自己，它是一种自我保护的心理，即无论如何先停在这儿不动，虽然可能什么都不会改变，却也可以规避失败的风险。

我们往往错误地以为，站起来，向前走就不可避免地要面对摔倒的风险，而原地不动则可以很安全。可是，向前走也有可能不会摔倒，你完全可以试着走几步，兴许就会意外地发现，自己其实只需要舒舒服服地散散步，就能到达目的地。

这种总是设想消极要素的坏习惯，即"未来总是一片黑暗"的意识，制约了我们的行动。心想"既然前路昏暗，干脆维持现状算了"，因此回避会带来变化的选择和决定。但是，前路真的是漆黑一片吗？实际上，即便不从心理状态的角度看，光就概率而言，答案也是否定的。既然如此，请慢慢分辨出自己的消极念头。

并非一味自责，而分辨出"我容易有这种倾向呢，我有那种坏习惯呢"，觉察"原来如此，我还有这么一面啊"。就像这样，与自己结成自我咨询式的关系，成为自己的解救者。

想要结束烦恼，就要进行思考。切勿对思考失去信心。如此一来，视野自然会逐渐宽广。

Part 04

不做自我评价，
单纯地观察自己

近来，日本社会掀起了一股灵修热和开悟热。《断舍离》的读者，以及通过参加断舍离研讨小组积极寻求自我复苏的人，除了《断舍离》系列图书之外，想必应该也接触了不少其他同类书籍。

我认为这类书都各有价值。事实上，一些要素决定了这些书的真实价值能得到发挥，还是得不到发挥，最终徒劳收场。

这一类的书和研讨小组，是一幅通往成功与幸福的地图，引导人们到达目的地。它们早在100多年前就已存在于世上，甚至还有可能更早。近几年十分流行的尼采语录等亦属同类，从更广泛的意义上来看，宗教性的事物，包括《圣经》与佛经也在其中。

然而，当下的我们和100多年前一样，仍然活在痛苦和烦恼之中。那个不成功、感觉不到幸福的自己究竟从何而来？辛辛苦苦地学习，终于得到了地图。可即便把地图牢牢握在手里，却依然抵达不了目的地。

现在，请您想一想，拿到地图后要做的第一件事是什么？

没错，就是"确认所在地"。

换言之，就是赛跑中的"各就各位"，不就"位"，就无法朝"目标"前进。

那么，怎样才能明确自己的位置呢？

方法就是，**仔细观察真实的自己**。

断舍离的一项铁律，就是不能擅自丢弃他人的物品。换言之，即不要责备他人，不要随意评判别人，例如，"你应该扔掉那种东西""那种想法不是很奇怪吗"。因为那是对方的私人领域。你只需知道"哦，你是这样的啊"就可以了。同样，对自己也是如此。不要觉得"怎么会有这种感觉，这样不行、不行……"，只需意识到"我是那么想的，有那种感觉啊"即可，贴近你的想法、感情、感觉即可。

前往方式=烦恼的解决方案

GOAL

START

只有通过观察自己的情感水平和质量，才能获知当前在地图上的所在地，
继而探索前往目的地的方式。

事实上，不对感情进行评判，也是内观冥想的一个环节。明确自己的位置，即在**习惯性地摆出僵化的善恶、是非观做评判之前，有意识地站在中立的立场，观察自己的感情**。

Part 05

让自己**喜欢**上**自己**

假设在你生活和工作的地方，人际关系十分恶劣，那么，身处其中的你，想必很难保持正面思想吧？

对于这个问题，正如我在第一章中所阐述的，改变关系的质量，在许多方面都能带来意外的效果。然而，说到底，为无法改善人际关系而烦恼不已的，毕竟是我们自己。你难道不想知道到底该怎么做，才能改善关系的质量吗？

其实，在改善与他人的关系之前，必须首先解决一个重要问题。

这个重要问题，就是**自己与自己的关系是否良好**。

自己与自己的关系，换句话说，就是自我形象认知，或是自我肯定感。简单来说，就是你喜不喜欢自己。以自我为轴心的状态，也就是"喜欢自己"的状态。虽说二者并非完全相同，但要是没有自我肯定感，就根本无法维护自我轴心。

如果你不断责备自己"我真是没用"，试图提高与他人关系的质量就会变得十分困难。所以，还是先改善与自身的关系吧。这就是断舍离给你的建议。

断舍离建议有意识地使用高品质的物品，从而提升自我形象认知，让自己喜欢上自己。

与之相对的，是使用粗糙的物品，并草率地处置它们。从关系这一无形领域来看，这种行为可以解释为，不断输出消极能量。

物品一旦被我们所拥有，便即时与我们定下了"使用"的契约。而不使用它们，将其闲置不顾，则意味着我们没有履行契约。

因为便宜而购买，因为别人说好而购买，未经深思熟虑、漫不经心地使用着，还是漫无目的地闲置在一边……第一步是重新审视物品与我们的关系。

所幸，在逐渐了解自己、不断改善关系的路途中，总有一个最好的伙伴陪伴左右。无论做什么事，只要有这个伙伴在，便能轻车熟路地掌握其中的奥妙。他不仅是你的好伙伴，还是你最称职的私人咨询师，最强的心理教练。他究竟是谁呢？是你的父母，朋友？还是丈夫，妻子？

不，以上都不是。他就是你自己！

自己才是那个24小时陪伴在你身边的最佳咨询师。当然，如果还能胜任心理教练，那就更好了。

Part 06

只靠自己，
就能解除一半的烦恼

接下来，让我们分析一下烦恼的种类。俯瞰之下，烦恼可以分为三大类。

- **经济问题。**
- **健康问题。**
- **人际关系问题。**

烦恼升级，可能会让人们做出最坏的选择。惊人的统计数据显示，从1998年至今，日本每年都有近三万人选择自杀。竟然有这么多人选择自杀，真是叫人震惊不已。

粗略计算三种原因所占比例发现，因经济原因而自杀的，即起源于金钱问题的约占四分之一，健康问题也大约占了四分之一，剩下的大约一半人，竟是因为难耐人际关系之苦。人际关系的对象包括公司的同事、上司、恋人、配偶等，不尽相同。

通过俯瞰烦恼的种类，我发现了一个事实。

实际上，任何烦恼都与我们自身的关系紧密相关。因为一旦和自己的关系恶化，便很难有力量去直面经济问题、健康问题，以及人际关系问题。

也就是说，经济上的烦恼，是因为自己和金钱的关系恶劣，或者也可以说，是因为工作和自己的关系并不良好。而健康问题，则是因为我们没能与自己的身体建立良好的关系。人际关系，是因为自己和他人的关系恶劣。

那么，以上的这些又说明了什么呢？

那就是，无论面临怎样的烦恼，其实都能找到一个全方位直面问题的突破口。

因为无论在什么事情上，如果问题的发生是源于我们与自身关系恶劣的话，那么，就至少有一半的烦恼，是可以通过自己来减少的。

至少有一半是自己的问题。虽然不知道究竟占了多少百分比，但可以肯定的是，自己一定牵涉其中。所以，**只要想**

办法解决自己相关的那部分烦恼，减少烦恼的总量，就能带来质的变化。

因此，断舍离自始至终都将焦点置于关系上。从重新审视掌握关系一端的自己开始，在此基础上，再去分析给自己带来烦恼的对象。

如何统筹关系，才能减少烦恼，甚至完全消解烦恼呢？

在此之前，我们首先应该思考的是与自己相关的那部分，即你是否将小烦恼放大成了怪兽般的大烦恼。

在这里，我们仍然坚持不用善恶、正误的判断标准来评判，只需以中立的立场观察自己，并意识到"原来如此"就行了。

Part 07

理所当然的观念，
也要去重新审视

任何人都认为是理所当然的、普遍的，并且无需重新审视的价值观，才更有验证的必要。

当前，这个价值观究竟在自己身上起着怎样的作用？这种价值观鼓励了我，还是损害了我？这也是一种关系的再审视。

比如说，断舍离经常遭到这样的批评："把还能用的东西扔掉，会有报应的。"

然而，那个报应究竟是什么呢？你思考过报应的具体内容吗？我曾经试着问过说"会有报应的"这句话的人，只是单纯地提问，并不带有攻击意味。

"报应究竟是什么？您设想的是怎样一种场景呢？"我问。

我甚至还追根究底地问："说到底，为什么得报应就不好呢？"得报应是好事情吗？还是坏事情？没有一个人给出过明确的答案，但他们都强调："把还能用的东西扔掉会得报应的。"

这种观念究竟从何而来呢？可以断定的是，**他们几乎都是被长辈灌输了这种观念，而并非源自真实经验。**

珍惜物品之心的确非常重要。然而，过去那种物资稀缺时代的观念，未必就适用于当下这个时代。

我甚至觉得，如果说为了将来能够过上被自己精挑细选的物品包围的生活，而丢弃那些堆积至今的垃圾、废品会得报应的话，我还真想试试看呢！真正珍惜物品，不就需要这样的勇气和决心吗？

"坚持就是力量。"这是另一个我们时常采用的观念。

然而，偶尔会有人这么想："断舍离的实践半途而废了，坚持不了。这样真糟糕……"

之所以觉得无法坚持的自己糟糕，是因为内心抱有"坚持就是力量"这个观念。这个价值观原本并没错，但在这种情况下，却成了伤害自己与自身关系的利器。

你不妨这么想："我在实践断舍离上，三天打鱼两天晒网了。但是坚持就是力量，所以当自己的精神、体力和时间充足的时候，我会鼓起勇气，再一次尝试的！"

这样一来，自己和价值观的关系就变好了。突然犯懒了，或者突然没了干劲，通常是因为身心感到疲惫了，因此只要专心休息，等到恢复之后再加大马力。不弄清楚这一点，就会不明就里地总觉得累，长期陷入"无法坚持的我真糟糕"的自责当中。

如上所述，即便是理所当然的观念，也应有意识地进行重新审视，根据具体情况决定是否采用，不断调整价值观与自己的关系，使观念起到更好的作用。

想获得自在力，首先得丢弃堆积如山的"不需要、不合适、不舒服"的物品和烦恼。只有心灵的免疫水平提高了，自我轴心才能得以确立。

　　问：我有两件东西，怎么都丢不掉，为此我非常烦恼。第一样东西是母亲为我织的马甲，虽然已经不穿了，但总想着万一母亲去世了，留着它还能做个念想。第二样东西是大量我看过的电影的宣传册。事实上，它们非常占地方，可我又想等孩子长大后给他们看，告诉他们"妈妈看过这些电影哦"。

　　山：首先，我想问的是，这些东西不能就那么留着吗？你可以尝试着接受自己"尽管很占地方，但我还是想留着它们"的想法。其实并不是每次都得从根本上解决问题，也可以选择权宜之计。在此基础上，我们再来进一步思考，为什么你想留着它们。首先是马甲，你应该是想把它作为母亲的遗物收藏起来吧？遗物是用来凭吊的，那么，你是担心没有它就想不起母亲，还是害怕母亲的去世这件事本身呢？

　　问：应该是担心没有它吧。

　　山：也就是说，你认为只要有母亲在这世上存在过的证据，就不会忘记她。但是，真的是这样吗？

　　问：我担心如果没有物质性的东西，会觉得"没存在过"。我也说不好。

　　山：通过保留遗物来确认去世者曾经存在，是我们人类的共识。其中可能也掺杂着对母亲死亡的恐惧，因此才无法允许自己在心里觉得那些东西很麻烦。第一个阶段，先觉察到自己正因为观念与想法的差距而痛苦，然后再重新审视"必须保留遗物"这种观念，从而通过选择和做决定，对物品进行精挑细选。这样做，至少烦恼会减轻一些。

问：好的。

山：那么，你又为什么要保留那些电影宣传册呢?

问：因为我希望孩子也能喜欢我喜欢过的东西。

山：说到底，你是想让孩子变成你所希望的样子。全天下的父母都这样，也包括我在内。首先，你对此有自觉，还是不错的。但是，孩子毕竟有孩子的人生，希望你能再次认识到这一点。这样一来，你也许就会觉得"也不是非得告诉孩子这些"，另一种选择也就摆在眼前了。你觉得呢?

问：非常感谢。

第三章

确立自我轴心，让自己喜欢上自己

抛掉不需要、不合适、不舒服的思想与情感之后，接下来就必须确立自我轴心了。爬上树后，视野相应变得宽广了，空中翱翔的飞机就自然走进了视野。

Part 01

通过身体，
了解自我轴心

用一句话概括断舍离的过程，即，用需要、合适、舒服的东西代替不需要、不合适、不舒服的东西。

换言之，就是对眼前的人、事、物进行选择，以是否需要、是否合适、是否舒服为标准去思考、感受及感觉，并做出决定。通过俯瞰，可以将这个过程分为三部分——

· **如何思考**。这是头脑的工作，等于知。

· **如何感受**。这是心的工作，等于情。

· **如何感觉**。这是身体的工作，等于意。

瑜伽和中医的理论基础之一是，在人的身体里，有个叫丹田的能量聚集处。与知、情、意相对应的上、中、下丹田，从头顶贯穿至会阴。

在这里，我不用专业的解说。大致来说，靠近会阴穴的丹田主掌生命力，胸口周围的则主掌感情，头部则主掌思维。只要其中一个有所欠缺或不足，我们的身心就称不上健全。

有感情，才能喜欢自己和别人；有生命力，才能用身体感受、行动；有思维，才能将思想与行动相结合，并以最佳形式将其具象化。

瑜伽是一种通过教人们调整呼吸、调整心灵、倾听身体的"意见"，提高并调整三种能量的身体技法。断舍离则将其落实在整理，即与物品的相处方式上。换言之，**断舍离是空间的瑜伽**。

实际上，在询问自己"这样东西对我而言，是否必要，是否合适，是否舒服"时，就是在提高自身的思维、感情和生命力。

不断提出"需要、合适、舒服"的问题，持续这样的训练，便能了解自己独特的思维、感情和感受特征，从而做出适合当下自己的选择和决定。而且无需刻意，自动地，瞬间就能把握，不受他人的声音、社会的噪音以及繁杂的信息干扰。

■ 通过身体，了解自我轴心

知
（思维）

情
（感情）

意
（生命力）

头脑、心灵和身体能量和谐运作、相互补充，身体内部就会形成一种不受外界干扰的芯。

深入了解自己，在生活和工作场所轻而易举地实现自我价值。断舍离将此称为自我轴心。

在名人或是身边的人里，是否有那种让你感觉言行一致、了解自己步调的人呢？那些人都是通过一些方法调整了这三种力量，确立了自我轴心的人。

在体育界，通过身体锻炼出来的"体轴"与自我轴心十分相似。但是，断舍离要训练的自我轴心，无需通过任何体能上的锻炼，需要做的仅仅是扔东西这个动作而已。除此之外，就是通过物品，在心里对自己提出具体的问题。

没错，只要借助物品的力量，任何人都能锻炼出自我轴心。

即便你不是运动员，也不是治疗师、医生那样的心理专家，依然能够通过自己的努力给自己注入活力。有没有觉得很期待呢？

Part 02

变得更好的**力量**

也许你会想："既然锻炼丹田就能确立自我轴心，那为什么不直接锻炼身体呢？"

的确，通过锻炼身体，从生理上切入，也能锻炼肉体和精神，从而创造出不受外界干扰的自己，甚至还有人能发挥出超人般的力量。然而，这种方法能否培养出具有优秀人格的人，却是不确定的。我的瑜伽老师曾告诫我："不要把能力和人格混为一谈。"对此，我的印象极为深刻。

师父还曾点明："查克拉（丹田）打开是什么感觉呢？就是——刚泡完澡的感觉！"

师父是在告诫我，不要妄言看不见的世界的事，看不见就是看不见，看不见本身有它的意义，无需过分拘泥于此。把那些有猎奇心理的人说得一愣一愣的，真痛快！

有些人一见到那些能看见常人看不见的东西或有超能力的人就崇拜不已，以为他们也具备那样令人崇拜不已的高尚人格，对其毫无戒备。之后，就可能会发生一些奇怪的事情。

至少可以说，断舍离中的自我轴心，在简单地强化知、情、意所获得的东西之外，还包括一些更高层次的东西。如果硬要用语言来表述，可以说是我曾经在瑜伽道场学到的佛性力。

假如要更详细地说明佛性力，可以说，就是——

使人作为人，变得更好的力量。

"更好"的状态，也可解释为真善美。要想具备佛性力，无论是以身体为媒介，还是通过断舍离以物品为媒介切入，如果其中包含某种思想，便可事半功倍。例如瑜伽、断舍离和武道，有禅道、佛教以及神道教作为基础，具备条理清晰的思想。

然而，并非有了思想就万事大吉，切不可盲目相信某种思想，沾沾自喜不求上进，关键还是在于个人的态度，也就是自己如何解释超越理论的，类似审美之类的东西，又如何努力将其具象化。换言之，解释力也是重要的悟性之一。

相较于其他方式，断舍离的独特之处就在于，它能让我们强化自身的自我轴心。断舍离之所以有这个特点，是因为它只需要我们掌握简单的知识，就能通过行动领悟要点，并将其落实到具体的实践中去。本来，越是重要的事，就越难以由他人教会。自己逐渐领会，才是最好的方法。

Part 03

自我中心，自我牺牲，
自作自受，自我责任

　　所谓自我轴心，一言以蔽之，即从自己的角度考虑来做选择、做决定。

　　可能大家会有疑问，这不是和自私任性很相似吗？虽然很容易被混淆，但我还是希望大家能够明白，两者之间有着巨大的区别。

　　在坚持自我轴心的过程中，不可或缺的是决不将责任转嫁于他人的姿态。

　　既然以自我为轴心做选择、做决定，那是不是很接近自私任性呢？这么说的人，一般都有一个根深蒂固的观念，即"以自我为轴心的发言和行动没有美感"。从某个角度来看，这种人算得上是为别人着想的好人。但是，我认为要真正做到为别人着想，是相当难的。

虽然自己具有无可取代的重要性，但还是强迫自己以他人为轴心思考和行动，或是以无论需要作出什么牺牲都全盘承受的决心，来贯彻自己的目的和意志。我们必须在仔细思考以上两种情况的基础上，在自己心中找到一个平衡点。

否则，与自我牺牲相伴的，将是忍耐与不满。即便能够将忍耐和不满深藏于心，凡事都让他人优先，也仍然必须对自己和他人撒谎。这种无意识的谎言，就是一个小小的破洞。这个小小的破洞会一点一点变大，直到变成一个大洞，导致能量泄露。

而**断舍离的理念是真正的选择、决断，自始至终都应该以自我为轴心。**

即便自己所做的选择和决定伴随着某些牺牲，如果自己做好了全盘接受的决定，那么这种决断也是具有主体性的、有意识的以自我为轴心的决断。

到这一步的选择、决断，与自私任性有着天壤之别。

说到自作自受和自我责任，也是同样的道理。

这也是我自己的亲身经历。我刚结婚不久，曾因身体状况恶化疗养了一个来月。可能随时有一天，我的病会突然被诊断为某种特殊的病，接踵而至的就是住院、吃药，等等。

　　然而，当时已经在学瑜伽的我却并没有那么想。我清楚地明白身体恶化的原因是，当时我和母亲、婆婆都发生了摩擦，我又为自己无法从那些摩擦中逃脱而烦恼，于是就陷入了恶性循环之中。也就是说，我的病其实来自内心，或是人际关系。

　　当然，我也可以把所有责任都推在疾病上，或是和我产生摩擦的两个人身上。但是，在疗养的过程中，我产生了这样的想法——"这个病，是我自己造成的。"也就是说，是自作自受。

　　在那之前，我一直努力扮演着好女儿、好媳妇的角色，心甘情愿地承受着母亲和婆婆带来的毫无道理的压力。但是这时，我强迫自己给自己许可——"你可以生气！"我尝试将自己一直被压抑的感情表达出来。我应该算是受害者吧，但我下定决心，绝不可以紧抱着受害者的立场不放。

　　这么做当然非常需要勇气，但因为我当时甚至觉得"如果继续这样下去，无论在肉体上还是精神上，我都可能会死"，所以几乎是下了必死的决心。

　　自作自受，原本是佛教用语。我的解释是——

　　"问题的原因在自己心中，解决方法亦如是。"

这似乎跟近年来相当流行的"自我责任"很相似，这个词常被人以冷酷的口气用来表达"既然犯了错或失败了，就理所应当要接受惩罚"的意思。但其实，这个词的原意有些类似因果报应，即你所做的好事和坏事，最终都将回到自己身上。无关善恶，自己播的种，就得自己收获。

Part 04

从我开始，
行动起来

烦恼几乎都来自我们对他人的过分期待，这种期待也会体现在物品上，例如，经常有人提出这样的问题：

"我想把老公的东西处理掉，怎样才能让他把东西扔掉呢？""希望某人能……""怎么才能让某人……""反正都……为什么不……"等等。当我们希望对方符合自己的期待时，就一定会用以上这些措词。**持有这种"希望对方符合自己的期待，想控制对方"的意识，才是人际关系中最大的瓶颈所在。**

某女性杂志上曾经刊登过这样一个问题："我最想扔的东西是什么？"前三名分别是"衣服""痛苦的过去"，以及"碍手碍脚的丈夫"。

换言之，我们最想丢弃的东西是物品、回忆，以及最亲近的人际关系。

听来实在叫人难过，但毫不开玩笑地说，的确有很多人提出"想把丈夫断舍离掉"。

"反正日子也不长了，我就忍耐着吧。"一个70多岁的家庭主妇这样说，她也许一直都在忍耐吧。还有人说"已经好几年没和丈夫说话了""他就知道开着电视，躺在那儿，连看一眼都叫人难受"。

让我印象尤为深刻的是这本杂志上刊登的一个回答："我连你母亲的下身都帮处理了，你却连句'谢谢'都没有。"说这话的是一个70岁的女性，她结婚已经45年了。

这种状况的确叫人难过。把丈夫看作"坏人"其实是很简单的，但是，断舍离的思维模式确实是这样展开的。

这个人期待着丈夫给她一句"谢谢"，她认为丈夫应该对她说这句话。然而遗憾的是，她没有得到自己期待中的那句话。如果对方能说句"谢谢"，她也许就能释怀许多，然而事与愿违，她因此积累了一肚子不满。那些不满和忍耐全都变成了心中的愤怒，她觉得此事"不可原谅"，而愤怒的矛头直接指向她的丈夫。

她为什么如此期待"谢谢"这句话呢？因为她希望获得对方的认可。

那么，她希望对方怎样认可她呢？"我做出了相当的努力，帮助了你和你的家人，所以我希望获得认可。"也就是说，她持有的价值观是，我承担起母亲的护理工作，而且是你的母亲，就应该被夸奖。如果我也站在这个人的立场，恐怕也会理所当然地这么想吧。不过，在这里，我们得先把自己的价值观放在一边。

表面看来，是她无私地承担了护理工作，却没得到丈夫的认可和夸奖。但是仔细想一想，丈夫很可能并没有那种价值观也说不定。假如丈夫的价值观是"儿媳妇就理所当然护理婆婆"，那么无论等多久，得到期待中的认可的可能性都非常低。

那么，断舍离要从哪里开始重新审视呢？

说到底，"护理了就理应被感谢"的价值观，只是自己一厢情愿的想法。不要用善恶观来看待问题，不要思考这种想法究竟是好还是坏。这种方法，我在第二章中已经传达过了。

然后，从这儿开始，就是我的想象了。迫切期待丈夫对她说"谢谢"的这位，她自己在日常生活中，又是否对丈夫说过"谢谢"呢？在45年的婚姻生活中，她究竟多少次发自内心地说过"谢谢"呢？还是说中途就放弃了，不再说感谢的话了？真实情况，我无从知晓，但我们每个人都很容易陷入这种难题中。

　　下面也是我的想象：

　　这个人是否把"希望得到感谢"的心情向丈夫表明过呢？事实究竟如何呢？

　　换言之，她是否采取了行动，让对方满足那个符合自己价值观的欲求。如果连让自己开始行动的许可都还没给自己，那么这个人将一直持续这种状态。这是有问题的。

　　假如有一天，因为某种情况，期待的对象突然给了她期待中的回复，她也许就满足了吧。然而，这样一来，问题的解决就完全是依赖他人了，而在那之前，只能任忍耐堆积如山。

　　我们应当改变自己的立场。的确，丈夫如果能自然地感觉到并对她说声谢谢，这当然是最好的。但是在那之前，我们应当主动去探索使自己更加轻松的立场。

Part 05

不愿承认
失败的我们

任何人都不喜欢被责备。

"要不是那个时候丈夫没有……我也不至于……""父母不经意的一句话让我如此痛苦……"越是常年将自己置于受害者的立场上，任忍耐和不满不断堆积，紧抱着受害者意识不放的人，情感上就越容易扭曲。一旦扭曲的情感爆发，就会造成一味责备他人的局面。

此外，还有一个大前提，任何人都不愿承认自己的失败，并且时间隔得越久，就越不愿承认。因此，对方会对时间上的滞后表示疑问："为什么你当时不说呢？"这样一来，便激化了双方的矛盾。

多年后，当年的人和事都时过境迁。在这种时候，主动抛掉"希望得到理解"的期待，才是明智之举。或者，无论你多想向对方表明心思，都不能抱着"希望对方理解我"的心情，如此一来，便可淡然地述说过往。也许听起来很像是在劝你消极放弃，但"希望得到理解"的期待，不过是一种自私任性罢了。如果对方能坦然地认可你，当然很幸运，然而大多数情况是，不仅很难得到认可，甚至极有可能遭到拒绝。

"哎，真是没办法了。"认清这一点后，我们应当直面问题，并切实地采取行动，尽自己最大的努力认可、犒劳自己，然后干脆利落地放弃。不为其他，全是为了自己。

受害者和受害者意识的问题，以及任何人都不愿承认自己的失败，实际上全都是自己与自身情感的斗争。我自己也是从与母亲长年的争执中，逐渐明白了这个事实。在这个过程中，我终于能将自己的心情从无奈忧郁的"没办法"，转变为明朗释然的"没办法"。

我经常让自己这么想："怠慢别人，就是怠慢自己。"我们比自己想象中还要更容易被外界左右，社会常理、学校教育长年向我们灌输着"要在各方面做到完美才行"或是"做个好孩子"这样的价值观。不知不觉间，我们对自己和他人都提出了"应当做到那样"的要求。如果对方偏离了完美或好孩子的形象，我们就会对对方横加责备。

　　首先，我们应当从自己身上卸下这种价值观，这是宽容他人的第一步。当然，也是自我宽容。

　　如此一来，即便最终的结论仍是对方应当受到责备，也未必非要责备对方不可。只要能在自己心里接受"没办法"，与自己达成和解即可。事实上，接受本身才是关键所在，示弱这种手段，也不妨一用。

Part 06

先确立自我轴心，
才能把握距离感

以他人为轴心是烦恼的三大原因之一，说的是我们在生活中处处以他人的评价为基准，拼尽全力让自己能切实符合他人标准。换句话说，就是无意识地将他人的价值观当做自己的价值观，并严格遵循。

以他人为轴心并非完全不好，偶尔为之也是很有必要的。但重要的是，**我们应当在自我轴心确立的基础上，再有意识地以他人为轴心**。

例如，你有个非常讨人厌的上司，你做得好，他不夸奖；你做得不好，他严厉责备。希望上司能对自己做得好的地方进行合理评价，这种想法在你心里盘踞着。但从上司的角度来看，他也有可能觉得，你是"和他价值观不符的无能下属"。

连见个面，打个招呼都叫人厌恶得无法忍受，于是你成了一个每天带着怨气上班的人。你一定觉得很难受吧。可是，你是否想过为什么自己会被这种消极情绪左右呢？你是否也在心里责备自己"和上司价值观不同的我真没用"呢？

但是，说到底，你真的想遵循讨人厌的上司的价值观吗？还是说，你在抱着怨气等待上司做出改变，被动地依赖着对方呢？

如果已经确立起了自我轴心，虽然并非出自本意，但也能够在把握全局的基础上做出最佳选择，也就是有意识地配合别人。"虽然不喜欢上司，但我们毕竟是在同一个团队、同一个组织里工作的同事。无论对彼此，还是其他同事而言，职场的氛围都是相当重要的，既然如此，我至少得好好跟他打招呼，并且要面带笑容。"这就是确立自我轴心基础之上的他人轴心。

那么，为什么要先确立自我轴心呢？那是因为，如果对自我轴心不清不楚，就无法明确自己的立场。

在第二章中我已经说过，要在地图上找到自己的位置。如果不清楚自己的位置，就无法衡量自己与他人的距离，也不知道应当遵循怎样的标准。也就是说，**我们得重新审视自己的价值观，只有在此基础上，才能衡量自己与他人的距离。否则，就会因距离太近而受到攻击，或因被拒绝而受伤**。每一种关系，都必定有它的适度距离。

另一个对人际关系而言十分重要的，是接触频率。更进一步说，是接触时间。

距离与频率、接触时间，任何一个超出了适当范围，人际关系就会变得紧张。最常见的是，一开始因为喜欢对方天天黏在一起，突然某天，感觉就变了。

假设有这么两个人，一个希望解除伴侣关系，另一个却不愿意。他们曾经相互喜欢，曾经处于最合适的距离，接触频率和接触时间也恰如其分。但是现在，这三点都随着时间发生了变化，从而给彼此的关系带来了变化。假如解除伴侣关系，能够维持最恰当的时间、频率和接触时间的话，那这么做对彼此而言都是好事。但是，令他们痛苦的是，其中一方仍然执著于他们曾经幸福时的距离、频率和接触时间。

变心不行吗？改变是十分自然的事。但是在日本当代社会，有个根深蒂固的思想，就是"不能变心"。

本来，**所谓的人际关系是指，在明白自己的位置、对方的位置都发生了变化的基础上，衡量彼此的距离、频率和接**

触时间。

从今以后，以他人为轴心将让我们更加痛苦，因为我们已经进入了一个价值观疾速变化的时代。假如没有自我这一轴心，只知一味迎合各种新的价值观，就会不断消耗能量，渐渐陷入劳而无功的泥潭中。

另一方面，无论在物理层面，还是信息层面，网络都十分发达，我们能够通过种种完善的渠道与人、事、物产生自由的连接。只要确立自我轴心，自由且熟练地使用各种渠道，我们就能建立一种对彼此而言都最合适的人际关系。这一切都取决于自我轴心。

Part 07

充分利用
愤怒与嫉妒

从前文中上司的例子里可以看出，愤怒也是机会，因为它能让我们意识到自己脑中那些不知不觉间吸收进来的不必要的观念。

一旦感觉到愤怒，你不妨就想着"很好，来了"，暂缓片刻后，审视自己是基于怎样的价值观，才会产生这种愤怒的情绪。愤怒是绝佳的观察机会，也可将其视为诚实面对自己心情的契机。

比如，你是否特别容易因为对方迟到而愤怒呢？这是为什么？是因为你自己认为准时到达是理所当然的。但对方可能只是跟我们不同，并不认为准时有那么重要罢了。

先不管两种观念孰好孰坏，由于对方的观念与我们所认为的"理所当然""当然""正常"的价值观有所分歧，我们才感到愤怒。可以换一种能量的使用方式，承认双方的价值观不合，并采取适当措施应对。例如，如果当时的状况并不非得死守时间的话，我们就可以暂时放弃自己"严守时间"的价值观，或者告诉对方自己的想法。然而实际上，你是不是完全不采取任何行动，任由不满的情绪堆积淤塞呢？迟到这回事，说小可小，说大可大，因人因事而异。

切勿对翻涌而起的情绪置之不理，而应思考如何转变它。此时，正是你彰显智慧的时刻。

此外，你是否品尝过嫉妒的滋味呢？如果你认识到了嫉妒的情绪，好机会就来了。

感到嫉妒，就是说你发现了自己想要成为的对象。你希望自己成为对方那样，却做不到，因此才会嫉妒。恋爱也一样，自己喜欢的人喜欢别人胜过喜欢自己，我们就会对那个人产生嫉妒的情绪。

那就不要止步于嫉妒，努力提升自己，达到对方的程度，容许自己这么做。否则，如果只是任由情绪左右，嫉妒将成为烦恼的源头。

负面情绪是恰如其分的诊断材料。与其将其封存，不如思考该如何处理它们。此时，考验的就是对生活方式的悟性了。

Part 08

不知不觉就
给自己设限的我们

自我形象（Self-image），即为了提高自我肯定感，使用一些比现在所用的质量更高的物品。这是断舍离惯用的手法，比如允许自己使用别人送的高级咖啡杯，不要觉得"我用太可惜了"。

在这个基础上，我们可以将对待各种人、事、物的态度分为以下三种——

· **拒绝**。

· **允许**。

· **限制**。

拒绝，即一开始就不想使用，不需要、不适合自己，用起来也不舒服的东西。自己想拒绝什么非常简单，因为对多数人来说，想要拒绝的都是根本不想用的废物。

这里，我举个例子。前面提到的高级咖啡杯，应该归到限制这一类中，也可以说是不允许，却并没有到拒绝的程度。不过，依然觉得它对自己而言有点太贵重，所以不允许自己使用。这里，我们来仔细思考一下"限制"。

为什么不允许自己使用某样物品呢？那是因为，我们自己给自己设了界限，规定自己只能使用设定的区间内的物品。然而，仍有许多人使用这种高档物品，自己与他们又有什么区别呢？

断舍离的建议是，**与其在无意识中给自己设限，不妨给自己更多许可，允许自己做更多尝试**。思考过我们为什么要给自己设限之后，给自己许可。这样一来，自我肯定感就会逐渐提升。也就是，越来越喜欢自己，越来越有自信。

不必非得是别人送的咖啡杯，其他什么都行。每个人都有一些基于自己的价值观设限的人、事、物，请将这些人、事、物充分利用起来，让自己更喜欢自己。

以下是我的真实体验。几年前，我和朋友去海外旅行，买了一大堆当地特产。乘国际航班到达关西国际机场换乘国内航班时，我费尽力气，想把这些大行李用宅急便邮寄回去。朋友看我这样，说了一句："山下，你还真是在乎别人怎么说你呢！"也就是说，我试图逃避人们好奇的眼光，不希望被他们认为："那家的媳妇去海外旅行回来，带了那么多行李，真奢侈啊！"我是在完全无意识、不自觉的状态下那么做的，朋友的一句话，让我如梦初醒。

我婆家在一个古老的城镇，人们世代保持密切的联系，是一个严密的共同体。邻里之间，甚至有许多人，简直可以说是我在镇上的婆婆，村里的婆婆。正是因为我清楚自己是从东京嫁过来的媳妇，本来就容易引人注目，所以才不知不觉地感到些许自卑。也就是说，享受完海外旅行的乐趣，带着一大堆行李回来，是当时的我在无意中希望限制的行为。

从那之后，即便发生同样的状况，我也不再在意邻居们的眼光，自然地做自己。如果对方略带找麻烦的口气问我："哎哟，这是从哪儿回来啊，玩得开心吗？"我也不再躲躲闪闪地说："不不，没有啦……"而是挺起胸膛，回答："是啊。很开心。"就这样，我成了"结束海外旅行后，堂堂正正、毫无顾忌地回家的我"，这不仅使我自己的层次得到了提升，也让对方感到无趣，知道我"没有可以干涉的可能"。我建立了一个贯彻原则、立场坚定的形象。

顺便一提，如果此时掩饰自己的真实想法，谦逊地说"不不，没有啦……"，就等于暴露了自己的弱势，对方便会干涉更多。无论在行为还是语言上，只要自始至终坚持贯彻"从海外旅行回来，玩得很开心的我"的形象就可以了，这也是一种以自我为轴心的表现。

"这么做了，不知道别人会怎么想我。""不知道邻居们会怎么看我。"……我们总是无意识地在他人轴心的基础上选择自己要做出的行为。

对此，只要每次都有意识地给自己一个"GO"的信号，告诉自己："又没给他们添麻烦！""不管别人怎么想，我就是喜欢啊！我很开心啊！"这些小小的细节，是自我革命的第一步。

Part 09

语言改变命运

拒绝，允许，限制。下面，让我们来想一想分别与这三个词相呼应的语言。

首先来说说拒绝的语言。这种语言的重要性超乎我们的想象，因此请大家务必认真对待那些基于自己的思想、感觉表达坚定的"不"的语言。积分卡也好，商品的赠品也罢，请学会坚定地说出"不，我不需要"。从这些细微的场景中，也能一点点积累勇气，从而建立起全新的自我形象。

允许的语言又如何呢？"那好吧。""这样也行啦。""试试看吧。"……语言中透露出委婉柔和的积极印象。

最后是限制的语言。这类语言一般集中于一些副词性的语言，没有具体的意义，我们总在无意之中脱口而出。

例如，"可惜……""好不容易……""将来有一天……"
"反正……""最终还是……"

这些词经常与否定词一起使用。它们与拒绝和允许的语言不同，都是些容易在无意中脱口而出的语言，我们必须明白这一点，并且有意识地区分使用。换言之，如果仔细思考后觉得可以允许的话，就换用允许的语言；如果实在必须拒绝，就换成拒绝的语言。

看到喜欢的东西，却因为价格太高而踌躇不敢下手，此时我们一般会不由自主地想"好贵啊……"实际上，虽然东西的价格确实高，但在这句话背后还掩藏着"反正我也没钱……""反正也不适合我……"即便买下了，也会有"难得……不买太亏了"之类的想法，担心买这么贵的东西给自己不好，感到内疚。这就是限制的语言，而内疚则源于自我肯定感低下。

与之相对的，有意识地说"太贵了，所以算了吧"，就是拒绝的语言，而"虽然很贵，还是要买"，则是允许的语言。

从根本上来说，拒绝和允许是同一种表达。

为什么要把关注的焦点放在语言上呢？对此，有句常挂在嘴边的名言或许能给出解答："语言决定思维，思维决定行为，行为决定习惯，习惯决定性格，性格决定命运。"

不过，断舍离却偏要这么说：

"语言改变思维。思维改变行为。行为改变习惯。习惯改变性格。一连串的改变，最终改变命运。"

如果你希望自己的命运变得更好，那么首先请改变自己的语言。语言像是一个看得见的器皿，里面装着思维、感情和感觉。正因为有悲伤的语言，悲伤的情绪才能得到确认、理解，并传达给他人。从某个角度来说，语言和物品有些类似。

重新审视语言，用更好的语言替换，便能拥有改变思维、行为、习惯、性格，甚至命运的力量。语言和物品一样，都是着手之处。

此外，还有一个特别重要的问题，即语言与潜意识的关联。关于这个问题，我将在第四章进行详细解说。人类的潜意识一直影响着当下的自我，例如在背后讲某个人的坏话，虽然说的并不是自己，但潜意识里却是个无法区分自我与他人的世界。它总是把我们所说的每一句话都当成是在说当下的自己，因此，说别人坏话，实际上是通过潜意识腐蚀了自身。自从知道这个之后，与其讲我不再说别人坏话了，不如说是说不出口了。

另外，双重否定也同样作用于潜意识。比如"如果不扔东西，房间就收拾不干净"。这种说法，在结果上也会将我们的意识引向"扔不掉"的方向。除非有意加强语气，不然"扔掉"这样的正面表达就足够了。

就像上文所述，一句话的结尾比我们想象中还重要。它给别人留下怎样的印象，就给我们带来怎样的影响。

捨てたいと思います。（我想扔掉。）❶

捨てたいです。（我想扔掉。）❷

请试着将这两种表达愿望和期待的句子说出来，并试着像"まーす"（ma—su）、"でーす"(de—su)这样拖长语尾，就更简单明了了。是不是感觉难以与行动产生连接？

说这种表达愿望或期待的话，力量汇聚到上半身，下半身会感到无力。中医提倡"上虚下实"，认为下半身安定才有利于维持健康。而这两种表达就像是用语言强调相反的状态，即"上实下虚"这种不安定的状况。

捨てます。（我扔掉它。）

---

❶ "と思います" 为"我想"的意思，在日语中表示第一人称委婉的意愿；"捨てたい"意为"想扔掉"。

❷ "です"为表达肯定的语尾助词，语气较肯定干脆。

■ 改变命运的语言转换法

语言	作用	改善后
限制（不许可） （反正……无论如何……）	对于自我肯定的阻碍	拒绝/许可的语言
坏话/背后说坏话	伤害当下的我	不说
双重否定 （如果不……就不能……）	加深了对现状的否定	肯定 （要做……）
模棱两可的语尾	对于实践能力的阻碍 （上实下虚）	明确的语尾 （上虚下实）
消极的愿望和期待	加深了对现状的不安	发表意见、积极参与 （设定预期与计划）

试着这样说，又如何？肚子里一下汇聚了一股力量，力量进入正中线，即身体的芯，也就是肚脐周围的丹田。实际上，**表达意志的话，会为身体注入能量**。因此，说话时的姿势也十分重要。"捨てます"（我扔掉它）这句表达意志的话，不适合含胸驼背的姿势，因为那实在不像是能做出选择和决断的姿势。事实上，挺起胸膛这个动作，能刺激胸腺的激素分泌，令人充满勇气。因此，不妨慢慢有意识地从外在表象开始入手。

此外，像"怎么办好呢……""会变成什么样呢……"之类无意间脱口而出的口头禅，说到底，也是消极表达愿望和期待的语言。说这些话，结果只能带来一个效果，就是将不安的现状深深印入脑海当中。既然如此，请尽量在心里问自己"希望怎么做""希望事情变成什么样子"，说出口时，就转而采用"我想做……""我有……"这样口号式的语句。也就是将状态调整到心理学和经营学所说的"参与"（宣言、献身、完成使命等意），跟着将其作为计划落实到现实世界中去。如此一来，想做的事就能开始具体运转起来。这就是不让未来停留在梦想这样暧昧状态中，而是变成更加确切实在的东西的奥秘，即语言的魔法。

总之，要想确立自我轴心，必须通过语言、身体和物品三个要素，作用于潜意识。在日常生活中一点点开拓，就能打开引爆人生革命的突破口。

Part 10

执著是磨炼出来的

像这样，通过人、事、物，以及语言来重新审视烦恼，你就会发现一个问题：

不进行任何再审视，没有自我轴心地活着，迷迷糊糊地吸收些并不那么喜欢的观念和人际关系，结果只会让自己陷入痛苦之中。

如果不懂得怎样与自己相处，烦恼就会反复萦绕脑中，使你持续处于思考停滞的状态。

在垃圾、废物等粗糙物品包围下的生活，代表的正是被徒劳无力感折磨的生活状态，物品只是表征。断舍离再三劝诫大家丢弃不需要、不合适、不舒服的物品，就是为了让大家通过整理物品，领会到这一点。

但是，断舍离并非让大家抛弃执念。世界上不会有人愿意拒绝各式各样的物品，过枯燥无味的生活。断舍离的

"离"，表现的是**执念自然剥离的状态**。换言之，断舍离**并不教人刻意清除执念**。

而且，反过来说，试图抛弃执念，本身就是大执念，拘泥于抛弃执念之心。

人活在世上，就必定与执念和占有欲为邻。我们应该做的并非是否定它，而是使其愈加洗练，而洗练的过程，既伴随着重重困难，又充满了种种乐趣。

与执念相似的词有"讲究"。"讲究"常带有褒义，却总叫人觉得哪里不对劲。比如，坚决地认定"非得是这个牌子，其他的不行"，又或者在饮食上如此。

对目前的饮食生活有些疑虑，所以重新审视饮食习惯，以对身体更好的方式摄取食物，这种态度本身的确非常好。但是，当你觉得"非此不可"时，自由自在的状态就像从手中流走的沙子一样，离你远去了。

讲究的事物是否建立在自己之外的价值观上？自己是否正紧抱着当前的价值观不放？是否正因为这种洁癖而无法在发生变化和特殊情况时随机应变，以致价值观变得脆弱不堪呢？相信经历过3·11大地震❶后，不少人都对断舍离的内涵

❶ 2011年3月11日，日本当地时间14时46分，日本东北部海域发生里氏9.0级地震并引发海啸，造成重大人员伤亡和财产损失。此次地震还造成日本福岛第一核电站1~4号机组发生核泄漏事故。

有了新的体会。

被自己喜爱的人、事、物围绕着生活。通过断舍离，我们确实能够得到这样的环境。但是，这并不是要我们在一个封闭的世界里，培育自己对自己的爱。断舍离的第一要义是，**通过对物品这个心灵的外显的精挑细选，获得开放流通的精神状态。**

切勿思考过度，光说不做。问问自己，是否对外界的信息囫囵吞枣，处于以他人为轴心的状态？又或者，是否已经对某件事物过分在意，以致疑心生暗鬼？当前，自己的身体是否愉悦，心灵是否得到了滋养？

这也就是要确认，当下的自己是否正占据着轴心位置。

我的瑜伽老师说过一句话："莫信、莫疑，去确认。"这句话简直是至理名言。

当然，执念深重的我自己，也谨记着通过断舍离磨炼自己的占有欲。

> 主动坚守自己的思考、心情和感觉，并在这个过程中建立自我轴心。在烦恼之前，重新审视思维所处的立场、语言以及态度，将提升自己至更高的层次。

问：每次回娘家，我都觉得家里东西太多，以致无法抑制地烦躁，总是跟母亲发生争吵。从小，母亲就总是命令我"去收拾干净"，现在却反了过来，换成我跟母亲说"去收拾干净"。感觉上好像是我在报复母亲，我觉得很难过，很伤心……

山：我非常能体会你的这种烦恼，我的母亲也这样。简单来说，现在的情况是，我们的力量关系逆转了。人类凡事总想着以眼还眼、以牙还牙，对此我也有察觉。实际上，究竟报复了与否，以及报复是对是错，先姑且不论。母亲对你的报复有反应吗？

问：好像没什么反应，所以我就更觉得自己太没劲了。

山：也就是说，这是一场通过物品演出的复仇剧？一种方法是，有意识地继续报复，直至得到一个结果。否则，就只能降低接触频率了。

问：因为我有小孩，为了让母亲见到孙子，我也得常常回娘家……

山：你是不是觉得放着娘家不管的女儿，不是好女儿呢？你为什么要带孩子回娘家呢？

问：也许是想向母亲炫耀已经长大的自己吧。

山：也就是说，你想得到母亲的认可，对吗？在挑战母亲的同时，又想看到她见到孙子时的笑容。换句话说，你试图用各种方法去获得认可。实际上，报复背后隐藏着的，是这样一个可爱的自己、值得称赞的自己。其实最根本的问题是，"渴望得到母亲的认可"这一欲望得不到满足。你觉得要想解决这个问题，该怎么做呢？

问：告诉母亲，我一直非常难过。

山：这也是一种方法。在期待得到"真厉害啊""谢谢"这样的认可之前，先表达自己的想法是十分重要的。正是因为一直没表达自己的想法，才会突然说出要母亲"去收拾干净"，问题才会变得更加麻烦。

问：还有，我现在非常担心的是，某一天我也会对自己的孩子，做出母亲当年做过的事。

山：首先，当你把自己的想法传达给母亲后，就不会苛责孩子了。假如我们一直处于无知无觉的状态，就会把当年父母对我们做的事复制到孩子身上。所以，如果你对孩子做了同样的事，首先应该跟孩子道歉，这点非常重要。至于自己曾经希望母亲做到的，现在，你自己得先做到。这是斩断负面连锁反应的要点。

第四章
Chapter 04

运用俯瞰力，在高处把握人、事、物

获得了俯瞰力这一掌握事物本质的力量，就知道如何为人生引爆一场革命。懂得飞机的驾驶方法后，首先要试驾，才能充分享受从上空俯瞰下方风景的妙趣。

Part 01

引爆人生革命的
三要素

抛弃阻碍命运之流的烦恼，强化自我轴心后，人生的视野便会逐渐宽广起来。清除了阻碍要素后，就该踩加速器了。

下面，请大家想一想，那些在人生中左右逢源、发展得顺风顺水的人，和那些不知为何停滞不前、原地踏步的人之间，究竟有些什么差别呢？只是因为运气的好坏吗？断舍离认为，所谓的运，就是缘分搬运来的、让我们受其恩惠的东西。因此，我们不应该想着怎样让运气更好，因为运气是一种缘分。

那么，我们如何才能遇上这种缘分呢？别无他法，只需自己的一双手，随心所欲地开拓它。换言之，即为生活方式带来一场革命。

实际上，想改变命运，自由自在地度过人生，需谨记以下三个要点：

·丢弃不需要、不合适、不舒服的事物→实践断舍离。

·喜欢自己→自我肯定。

·人生虽偶有艰难，但依然充满乐趣→俯瞰和解释。

关于前两个，大家可以参照《断舍离》，以及本书第二章和第三章中的详细叙述。

接下来，我们要在第四章讨论的，是"人生虽偶有艰难，但依然充满乐趣"，即告诉各位，怎样才能积极乐观地解释人生。

断舍离是让我们过上有意识、有目标的生活的练习。对物品进行取舍选择，决定其去留，不断重复这个行为，是在为果敢开拓人生新局面锻炼肌肉的力量。当肌肉力量储备充足了，人生就将发生激动人心的变化。我自己就有过亲身体验，用这种方法为人生的发动机加速。

我通过断舍离吸收和获得的东西，是自立、自由、自在。而且，我自己也时刻处于不断的进化之中。

市面上有不少书标榜"只需五分钟""立即改变人生",宣扬开运、自我开发。谁都知道,现实当然没那么简单。

一流的运动员,要靠运气和不为人知的努力,二者缺一不可。同样,我们如果想改变自己的命运,也需要不断积累,反复练习。

"但是,练习本身非常痛苦、难过……"很多人所担心的,实际上会不会只是幻想呢?断舍离的练习,在每天的生活、日常之中开展,只需一点点觉醒,经由觉醒带来干劲,便能自然而然地持续保持实践的动力。

简单归纳为自立、自在、自由,具体来说,三者又各自代表怎样的状态呢?进一步深入思考,**自立、自在、自由形容的是身体、金钱、心灵这三大要素各自的状态**。身体健康,在金钱上不受限制,精神不受束缚,如果能达到这样的状态,就十分理想了。

请你想象一下。假如你能做到不顾虑任何人的目光,没有任何阻碍,拥有经济实力,可以去任何地方,见任何人,该有多棒。在这种状态下,我们才能邂逅许多缘分,并且与遇到的人共同学习,从而开拓运势。

世上的确有人正不断接近自立、自在、自由的状态。当然,通过断舍离实现自立、自在、自由的人也的确存在。

那么，这种堪称人生两极化的差距，究竟源自何处呢？我认为，令我们可以俯瞰人、事、物的力量——俯瞰力，是造成这种差距的重要原因。就像我在《断舍离（心灵篇）》里详细说明的一样——俯瞰力，其实是在实践断舍离的过程中自然习得的能力。因为，如果想整理住所的整体空间，而非简单地丢弃物品，以俯瞰的视角看待物品就不可或缺。

接下来，我将从各个角度来考察俯瞰力，以及为什么俯瞰力能改变命运，并引导我们进入自立、自在、自由的境界。

Part 02

刷厕所能
提升财运吗

下面要跟大家分享的例子，听起来像笑话。

在某次演讲会上，有人问我："听说把厕所刷得闪闪发亮能提升财运，我是不是应该刷一下呢？"

这位听众可能误把我当作风水先生了吧。但是这个问题，着实让我在心里打了好几个问号。

首先，为什么要提出"我是不是应该刷一下呢"这样的问题，让别人帮自己做判断呢？难道我说"不用刷"，就不刷了吗？对于这种问题，我一定会反问："你怎么想呢？"因为，你一旦询问别人，就等于主动放弃自我轴心，出让给他人。

还有另一个疑问。这位听众似乎没什么财运，厕所似乎还很脏，对现状的不满日益加剧。认为财运与厕所相关，是风水学中常见的思维方式。就让我们假设这种联系是真实有效的，并在此前提下开始思考。

说到底，她其实认为自己没有财运，所以才会想"要成为有钱人，是不是该刷一下厕所"。然而，这种想法反而是在将"我没有财运"灌输到潜意识里。

也就是这样。**当你想做些什么、说些什么或是思考该如何改变环境时，如果对现状持有否定态度，那么这种否定态度将对心灵产生更大的影响。**

日本灵修界有个常见的案例，因为运气不好而重复使用"谢谢"等积极肯定的语言，反而更强调了当前运气不好的现实。

因此，我认为我们首先应当肯定现状。比如那位听众，她起码还有足够的钱来听演讲。然后，虽然是租的房子，但至少还住在一个可以挡风避雨的房子里。她可能不是那么有钱，但维持当前的生活还不在话下。如此这般，从感恩开始，她大概就会觉得：既然如此，就把厕所刷得更干净点吧，据说还能提升财运呢，工作上也得好好努力！假如刷厕所真的能起到提升财运的效果，那就保持这样的状态，让它发挥作用吧。如果能这么想，就根本不必询问别人。

我想通过这个案例说明的，并非只是厕所和财运的问题。我真正想告诉大家的是，**将关注的焦点放在对现状的不满上，习惯于"都怪这个，才实现不了愿望"的消极思维，说明你正处于视点低、视野狭隘的状态。因为你将自己束缚在那个环绕自己的狭隘世界之中，才看不到那些幸运的部分。**

总嚷嚷着"要减肥、要减肥"的人也一样。请先从肯定现状开始，告诉自己"我虽然有点胖，但感恩当前的健康"。然后再想"但我还是希望再瘦一点，穿上那件衣服，然后变得更漂亮，邂逅一个心仪的对象，该多好啊"！这样就OK了。不要从否定开始，总想着"再这么胖下去就没法谈恋爱了……"

换言之，要感恩现状，将焦点放在希望上。

活着就是上天眷顾了。若是身体健康，就更该懂得感恩。我不是在宣扬积极思维，只要你稍微俯瞰全局，思考一下，就不会那么极端了。

换言之，只要掌握了俯瞰的要领，感恩之情便会自然涌现，关键在于能否以俯瞰的视点看问题。

Part 03

俯瞰一下，
便能重新**审视前提**

接下来，让我们来尝试以俯瞰的视点，思考一下自己生存在这世上的几个重要前提。

俗话说，健康第一，身体是本钱。对于这些熟悉的话，如果你不假思索地觉得"这是当然"，就会忽略这些话真正试图传达的信息。

断舍离的理念认为，人类有三种生命，即肉体生命、社会生命和精神生命。肉体生命，就是字面上的意思，即人类作为生物实际的生命。社会生命，简单来说就是人在社会中的承认欲求，即渴望在社会中获得认可的欲求，同时与金钱相关。而精神生命即心灵的充实，在与人的交流中得到的充实感，或是渴望通过观赏美丽的事物、触摸具有艺术性的事

肉体生命，是一切的基础。

物丰富心灵的欲求。

这三种生命有个共通的大原则，即，**有了肉体生命，才有社会生命和精神生命**。换句话说，**社会生命和精神生命是人类特有的，基础是肉体生命这一动物性的生命**。所以，任何时候都必须优先考虑肉体生命。然而，我们总是容易将目光停留在社会生命和精神生命上，比如常常因为被裁员、恋爱不顺利等与肉体生命无关的事，导致身体状况恶化，甚至伤害自己的生命。

在断舍离研讨会上，我时常对学员说："不必顾虑其他听讲人的感受，想去厕所时随时都可以去。"因为克制肉体上的欲求是十分痛苦的。虽然未必攸关性命，但我仍然怀疑在社会中理所当然应该克制肉体欲求这个大前提的合理性。

的确，在社会生活中，我们多少需要一些忍耐。我也不是让大家肚子饿了就随意在会议中打开便当大快朵颐。我只是觉得，如果肉体生命是一切的大前提，能作为社会的共识得到更多重视，就可以避免大家对自己的身体做出不必要的伤害了。

虽然大家都把"健康第一"挂在嘴上，所做所想却总与健康第一相违背。希望大家能认识到这一点，切莫忘记生命的优先顺序。

Part 04

辨明抽离与
俯瞰的区别

有个词跟俯瞰有些类似，即抽离。那么两者之间有什么区别呢？这个问题似乎比想象中更令人困惑。

简单举个例子，假如父母总是吵个不停，视对方如仇敌，孩子就会因为感应到父母之间的不愉快而变得情绪低迷。孩子觉得痛苦，会哭，这种情况下孩子的视角既不是俯瞰，也不是抽离，而是和父母处于同一个位置。

等孩子长大一些，情况又如何呢？他也许就能适当拉开一定距离来看待父母的争吵，心想："啊，父母又吵架了！哎呀，又来了。算了，偶尔吵吵架也正常。现在就让他们吵一会儿吧。"带了些温暖的意味。

"现在先别管他们""偶尔吵吵架也正常"之类的想

法，证明孩子看到的不仅是父母正在争吵的当下，还懂得了以更长远的视角来看问题。正如天气时而晴朗时而阴霾，现在不过正在下雨罢了。

但是，抽离却略有些不同。如果孩子抽离地看待父母的争吵，心里的独白就会变成"父母又吵架了，真是不知道吃一堑长一智的人！算了，反正跟我也没关系"。既没有同情，也没有宽容，仿佛眼前的事与自己毫不相干。

我的一个前同事，总让人觉得哪里怪怪的。后来有一天，我终于意识到，那个人有个毛病，就是在每句话的最后都加上一句："嗯，反正也跟我无关啦。"要说无关，也的确是无关，的确是别人的事。但是，不知道为什么，那句话让我很受伤，虽然明明不是冲我说的。

世上有许多事，你觉得无关，也就到此为止了。因为无论是丈夫、妻子，还是孩子，说到底都是别人，终究不是自己。如果彼此厌恶，或是价值观不合，就更是理所当然了。但是，既然是同伴和家人，他们与我们就一定有共同之处。具体的，比如现实生活中共享的事物；非具体的，硬要举例的话，比如心理学中的"集体无意识"，就像日本队要是在奥运会上摘得许多奖牌，任何一个日本人都会感到高兴一样。

所以，即便实际上并没有直接联系，也不能断言与己无关。**每个活得诚实坦率的人，都拥有一个共同的感觉，即所谓的共感能力，或是接纳能力。**我们应当更加信任这种感觉。所以，"无关"叫人听来还是过于冷漠了。

以更广阔的视角来看，我们本来就都是同一个职场、同一个城市、同一个地区、同一个国家、同一个世界的地球人，我们具备将共感与接纳的范围不断扩大的能力。说起来，俯瞰力的视点，就是我们绝不要、绝不能认为任何一件事与自己完全无关。

俯瞰力赋予我们一种感受力，令我们可以认识到这个世界是个包含自己在内的巨大范畴，自己和他人都是这个世界的重要构成要素。

Part 05

将平衡机制作为
"相"的"解释力"

　　我的瑜伽师傅说："初学者由相入。"原本的意思是，既然不懂，就以不懂的状态模仿外相，从而逐渐靠近本质。当我将这句话铭记在心，并以此姿态俯瞰事物时，我发现我们所在的各个领域、各个层面中都有形态相似的事物存在。

　　人体里有个"平衡机制（homestasis）"，用来维持生命恒常性的机能。断舍离实际上就是将平衡机制作为"相"进行运用，其中的关键，就是当下的自己。

　　我们每个人实际上都生活在自力和他力的平衡之中。

　　我们平时受意识支配，很容易将注意力集中在意识控制下的行动和语言上，但身体却不是。换句话说，有些身体活动，是受他力所控制。（此处的"他力"，并非"他力本愿"❶之他力，而是指脱离自我意识，基于生命本能的力量。）

毛孔因为调节体温的需要而不断张合，心脏和脉搏持续不停地跳跃，伤口自然愈合，这些都是维持生命恒常性的机能，即平衡机制在作用。即便我们自己没有意识，这种力量也能自动将我们的身体从不舒适调整到舒适的感觉。

日语里有个词十分美妙，叫托福。可以说，平衡机制就正是这么一种托福的力量。

当我们的身体与心灵因为压力等心理要素失去平衡时，这个自动机能就会出现问题。所谓心理要素，就是人际关系中的压力，对于过去的执著、后悔，对于未来的不安等不以当下和自我为轴心的烦恼。

天气明明不热却猛出汗，胃酸分泌过多导致胃针扎般地痛，突然无法正常呼吸……这些情形极有力地向我们证明了身体与心灵是紧密相关的。

以断舍离的理念解释这种平衡机制的理想状态，就会发现一个绝对前提，那就是，永远以当下的自己，即第一人称现在时运转。你明白吗？

---

❶ "他力本愿"，佛教用语，指依赖阿弥陀佛的愿力拯救众生。

■ 自力与他力的平衡

我为大家具体说明一下。"回忆起痛苦往事而哭泣的我""在电视里看到遥远的国家里贫困潦倒的孩子们的惨状而哭泣的我",这些令人痛苦的事态绝非发生于"当下",更绝非发生在身在此处的"我"身上,然而移情作用使得"我当下的身体"无意识间起了反应,流下泪水。头脑告诉我们,这些事并不发生在当下的自己身上,但身体却不理头脑的判断,径自落泪。说到这儿,大家应该已经明白了。在潜意识的层面,我们无法区分自己与他人,过去与现在。

实际上,梦这一潜意识的产物,同样如此。

普遍来说,梦都是支离破碎的,既无时间联系也无前后关系,出场人物也不具备现实生活中的统一连续性。在梦里出现的大海等自然界景观,甚至现实生活中的友人,往往都是"当下的自己"的感情投射。

一言以蔽之,**在平衡机制和潜意识的领域里,没有自己和他人、过去与现在的分别,没有正误没有善恶,存在的一直都只有"当下的自己"。**

断舍离表面上看是将住所里泛滥成灾的物品精挑细选、去芜存菁的过程,但它真正的意图是要将潜意识的状态落实到物理层面,重建将不愉快的生活恢复愉快的机能。换言之，我们的身体可以在无意识下自动运转维持健康状态，同样，如果住所也能自动运转令环境时刻保持整洁，该多理想啊！

如果烦恼这一脱离自我轴心的心灵废弃物阻碍了平衡机制，那么只需去掉实际的垃圾和废物即可，同时通过物品与五感，将"当下的自我"深刻在潜意识里。需要注意的是，并非胡乱盲目地对物品去芜存菁，而是精挑细选、决定丢弃或保留"对当下的自己而言需要、合适、舒服的物品"。这样一来，就能使平衡机制，即生命的机能，在日常生活中正常运作。

如此付诸实践，就能为包括自己在内的无数人，带来良性循环。至于原因，目前还没有科学实证性的答案，但却有无数的真实案例为证。以下是一些实践者的回馈：

· 整理和打扫变得十分愉快，一直觉得很开心。

· 开始经常做家务了。

· 不再乱花钱，还开始存钱了。

· 工作进展顺利了。

· 身体健康了。

· 开始喜欢上自己了。

· 人际关系好转了。

· 精神上更轻松了。

·常有些意想不到的好事发生。

......

　　活在当下的重要性，已经在各种地方被解释得一清二楚了。许多人都明白这个道理。但是，我们却依然拘泥于过往，不安于未来，不自觉地以他人为轴心。即便心里明白了，也时刻注意，却仍然难以控制自己，这就是人类。

　　正因为如此，断舍离才倡导以物品为媒介采取行动，然后用平衡机制这一生命机能来解释日常生活。断舍离究竟是止步于单纯的整理术，还是为人生开辟一个通风口的方法，区别就在于这个"解释力"。

Part 06

金钱就是**能量**

俯瞰事物，并对其进行解释的悟性，最有效的就是在处理任何人都很在意的金钱问题上。

事实上，拥有俯瞰力的人并非有钱人或善于赚钱的人，而是在另一个层面上善于和金钱打交道的人。简单来说，他们因金钱而产生困扰的可能性通常极小，这究竟是为什么呢？

大家是否思考过金钱的本质呢？可以把金钱分为三类进行探究。

如果把金钱分为三类，你会怎么分呢？这是个思维游戏——通过分为三类，让大家脱离善恶、正误等二元论，使思维更加抽象，从而抓住本质的游戏。越是善于运用俯瞰性思维、擅长本质性解释的人，给出的答案就越抽象。然而，这个问题绝对没有唯一的正确答案。

比如，把金钱分为"纸型""金属型""塑料型"的人，认为金钱包括纸币、硬币和卡。这是被问到钱，脑海里就浮现钱包里装着的东西的人给出的答案，极其具象。

也有人将其分成"借出""借进""储存"。这种分法相对抽象，是基于金钱的流通属性所给出的回答。

有趣的是，通过不同的分法，可以看出分类的人对分类对象（此处为金钱）所持有的前提观念。一旦得知此前提，就可以坦然接纳自己与他人的差别，了解到"原来还有这种看法啊"。

然而，如果将金钱更加抽象化，会得到怎样的答案呢？最基本的答案，大概会是"收入""支出""储蓄"吧。换一种更加脱离金钱本身的语言来形容的话，就是"进来的东西""出去的东西""停留的东西"。

这些语言不但将金钱的本质表达了出来，更准确命中了"能量"这一根源性的本质。

实际上，能量的运动同样也能分为以上三类。例如一辆车，通过注入汽油获取能量，开车时消耗能量，停车时能量停留在油罐里。最关键的是，尽管能量有出有进有停，但最终还是要出。换言之，**能量的存在就是为了使用**，金钱的存在意义在于"用"。

能量是万物的原动力，金钱是能量最简单的外显。如此一来，能量，也就是金钱本身，就不会有善恶、正误、干净肮脏之分。

那么，为何我们会拿出那些价值观来衡量金钱呢？

那是因为，赚钱原本不过是达成目的的"手段"而已，我们却错将其自身当成了"目的"。那些口口声声说想成为有钱人的人，有必要明确一下为什么想成为有钱人，那些钱要花在什么地方。

但是，我们是否总是将赚钱本身看作目的，执著于钱财的同时，过分关注金钱带来的不公平，认为赚钱和花钱的行为并不好呢？从这点上，我们也可以窥见二元论的极端和武断。

过分执著于赚钱的人，往往得不到他们真正渴望的，比如幸福与成功。因为赚钱本身不过是获取成功与幸福的手段，他们却将其看作目的。

认为赚钱不好的人，财运一定不会好。因为只要他们有这种想法，与金钱的关系就已经不好了。他们不能和金钱好好相处。

换言之，以上两种相反类型的人，有一个共通之处，即都不善于和金钱打交道。是否善于与金钱打交道，与持有金钱的多寡又有所不同。

拥有俯瞰力的人，能做到中立地看待金钱，明白"金钱到底不过是手段罢了"。若能俯瞰到这一点，便会懂得，金钱在平等地对待我们每一个人，金钱的价值会随着时间与场合发生变化。学会在此认知基础上合理使用金钱，这就是和金钱相处的秘诀。

无论你是否有钱，一块钱终究是一块钱，不会变多也不会变少。如果能记住这点，即便腰缠万贯，也不会得意忘形，恣意将一万块钱当一块钱来用，也不会为了省一块钱就浪费一两个小时在网上寻找更便宜的东西，学会将耗费的精力、时间与一块钱放在天平上对比。

当出现紧急事件或是从长远来思考问题时，对待真正需要的东西，也能够当机立断，偶尔也可将十万块用得像一万块。

总而言之，关键不在金钱的多寡。若能清楚认识到这一点，便能做到游刃有余地开关金钱的能量阀门，最终不再浪费金钱，也不再为金钱所困。

最后一个关键点。

前文中已经说过，金钱能量的价值在于"使用"。换言之，仅仅囤积大量金钱在手，没有任何意义。有进必有出，这是大前提，因为进进出出的流动性，才是金钱的本质。

因此，我必须明确一点——**得到时，理应做好放手的心理准备。**

下面这件事，是我从一位实业家的子孙那里听说的。这位人士是某著名公司的第四代接班人。早两代之前，公司还十分兴隆，现在却卖掉了整个公司实体，他的工作是管理剩余资产。尽管现在仍然拥有几亿资产，他的心中却十分不安。为什么呢？因为无论持有几亿，钱终究是要向外流出的。几亿资产，普通人只会觉得羡慕还来不及呢，然而，对他来说，没有什么比持有只出不进的金钱更令人不安的了。金钱，决不是只要拥有许多就行的。

即便拥有几亿身家，如果钱只会一直减少，当然也会有不愿放手的执念，处于双手紧握钱财的状态。而手所能抓住的量毕竟有限，即时间与精力是有限的。因此，当人们执著于现有的金钱时，绝不可能获取新的财富。这就是能量法则的大前提，亦是断舍离的大前提。

像这样，无论是金钱还是能量，均处于进进出出的流动状态，这对人、事、物也同样适用。从更高的视点观察自己当前的所作所为，也许会发现它正阻碍着能量的流动。

金钱与能量，一直在世界中流淌着。我们每一个人，都在巨大财富之流的支流上。

如果能对各种事物持有上述视点并付诸实践，能量就一定会流动、循环，令我们在必要之时，能妥善利用必要数量的必要事物，与我们格局相符的回流也将如期而至。

Part 07

换个角度来俯瞰吧

在研讨小组上，我经常鼓励大家："那样的自己也很可爱啊。"这个"自己很可爱"的感觉，正是俯瞰的入口。

在那之前，我们与物品纠缠不休，身心俱疲，陷入"我做不到、做不到……"的持续自我否定中。同一个自己，一旦得知能够通过断舍离，用自己的双手让一切回到正轨，心情便会一下轻松不少，就能原谅自己，甚至换个角度看待自己，觉得虽然现实很残酷，但是"哎，人生在世，有高峰就有低谷嘛"，挣扎痛苦着的自己也挺可爱的。

像这样充分享受逐渐转移视点所带来的乐趣，也是断舍离的乐趣之一。

此外，通过继续丢弃不需要、不合适、不舒服的事物，迄今为止不曾发觉的事物的本质、共通性以及相似性就会自然而然地清晰浮现在眼前。"攀爬"到这里，之后便进入如何解释、如何创意加工的阶段了。

　　人类所能达到的俯瞰的最高境界，就是从宇宙眺望了。据说，宇航员在外太空目睹整个地球以及宇宙空间，回到地球后，很多人会选择成为一名圣职者。或许是因为他们真切地体会到了地球万物运转背后的巨大机制也说不定。

　　这个案例中的背景可能过于庞大了。其实在日常生活中，我们每个普通人也都可以学会以俯瞰的视点看问题。我们必须相信，并每天坚持进行断舍离的训练，不断积累。

若能学会俯瞰，便能在各种情况下，发现事物之间的相似性，发觉"明白"的乐趣。若能以自己的独特视角对其进行解释，离修得自在力就不远了。

问：我有一个六岁的小孩。由于还想再要个小孩，这五年来，我一直在接受不孕不育的治疗。我喝的中药很贵，相比之下给丈夫的零花钱还少点，这偶尔让我很有罪恶感。但是，通过断舍离，我学会了活在当下，开始将注意力放在当下。就是说，我开始将注意力从再要一个孩子转移到现在的小孩身上。可是，我的心情还是有些难以平复。

山：您肯定很难过吧？我想问您一个问题，您为什么想再要一个孩子呢？

问：首先因为我自己就是独生女。另外，我38岁才生下现在这个孩子，已经算晚了。丈夫比我年纪大，我们又没什么亲戚，等到我们死的时候，被我们留在这世上的孩子就会比一般孩子更早变成一个人。所以，我们要是死了，孩子就苦了。而且，他还是独生子，又是长孙，从小娇生惯养，所以我就想再给他生个弟弟妹妹。当然，还有个简单的原因是，我自己也想再要一个孩子。

山：简单来说，您就是想生一个孩子来支持第一个孩子？

问：我没觉得自己有那个打算……却那么说了。

山：是的，您的确那么说了。那么为了支持第一个孩子而出生的孩子怎么办呢？这背后隐藏的问题是什么呢？是恐惧吧？恐惧"这孩子要是孤苦伶仃可怎么办"。那么，在恐惧中出生的孩子，和在希望中出生的孩子，有什么不同呢？只要您把自己代入其中，就能立刻明白。或者说，您也可以这么想，孩子会愿意到一个充满不安和恐惧的地方来吗？孩子会愿意选择这样的父母吗？从孩子的角度来说，也肯定会想去充满愉悦的地方吧？我既不清楚生命的机制如何运转，想说的也和中医没什么关系。如果您想要第二个孩子，您可以有任何理由，但我还是希望您在等待孩子到来的过程中是抱着希望的。您为什么不试着鼓起勇气，直面心中的希望和恐惧呢？

问：您说得对。非常感谢您。

第五章
Chapter 05

掌握自在力，
重拾快活人生

生活得自由自在的人，都是懂得随时随地灵活运用所学知识的人。他们能驾驶飞机，自由纵横于天地之间，也能偶尔在地面逗留。

Part 01

俯瞰，
掌握人生真谛

我当瑜伽课讲师时，负责的是初学者班。我非常喜欢也很擅长教初学者。

教导初学者时必须具备的技巧是把艰涩的语言转换成简单的语言，传达给学员。我之所以熟悉这项技能，是因为自己很不擅长用复杂的思维理解艰涩的语言。所以，我会自己再翻译、再解释一遍。

去年，我去了以原始佛教发源地闻名于世的不丹。当地的环境给了我极大的帮助，使我得以用自己的语言重新审视、重新解释三法印（诸行无常、诸法无我、一切皆苦）这一原始佛教的宇宙观。我的理解，后来便成了断舍离的俯瞰图。

一般而言，三法印的含义如下：

·诸行无常——世间万物，无时不在变异幻灭之中，刹那间迁流变异，无一常住不变。

·诸法无我——世间万物，无所谓"我"之实体。

·一切皆苦——世间万物皆为痛苦。

将以上抽象化，逐渐接近本质的话，首先，"诸行无常"这句话在日本因《平家物语》❶而广为人知，因此在人们心中，常带有"盛者必衰之理"，即"繁荣至极必衰败""人生苦乐参半"的色彩。换言之，人们常将其理解为世间万物无时不在变化的宇宙法则。

其次，"诸法无我"的意思是，我们通常认为，物有物之实体，我之存在亦有我之实体，然而实际上，物与我之间的"关系"才是一切。简单举个例子，再讨人厌的上司，也有深爱他的妻子会对他说"亲爱的，最喜欢你了"；再美味的法国料理，要是肚子很饱也不可能吃得津津有味，相反，饥肠辘辘时，一碗浇汁荞麦面都是独一无二的美味佳肴。这就是自身与他人、与物品之间建立的关系各不相同的具体表

❶《平家物语》，成书于13世纪（日本镰仓时代）的军记物语，作者不详，记叙了1156～1185年这一时期源氏与平氏的政权争夺。着重描写了平氏由盛而衰的过程。

现。

最后，"一切皆苦"就是说，人生恒苦，尘世间每个人都逃脱不了生老病死的命运。这句话，说的是"经验"。当然也有愉快的经验，但能让我们从中有所得的经验无一不是痛苦的。因为是痛苦的经验，所以这里将其总结为"苦"。

以上即三法印。

那么，结果又如何呢？佛家也有表达结果的语言，即"涅槃寂静"，也就是开悟。断舍离将其称为"离"的境界，或是"愉悦"。

佛教的宇宙观，原本就十分艰涩难懂，拒人于千里之外，但只要明白它的内核是"变化""关系""经验"，希望到达的境界是"愉悦"，思维就会清晰许多，才能将佛教知识活用于日常生活之中。

三法印与涅槃寂静，构成了人生的概略图。人生的核心内容，就浓缩在这四句话中。换言之，它们就是人生的真谛。

Part 02

断舍离，
通往愉悦之路

不了解人生的构成要素，就犹如在没有道路的荒野四下彷徨。断舍离，就是让以那些要素为内核的人生更加愉悦的所谓的"道"。那么，我们究竟该为这幅人生的概略图增添些什么呢？

首先是实践。仅仅了解人生的真谛，不会给生活带来任何变化。说到底，还是需要断舍离这一实践。观察物品，去除芜杂，从书架、壁橱开始着手。在这个过程中，我们需要分辨出"需要、合适、舒服"的物品，舍弃与之相反的物品。这个动作，就像是一场头脑、心灵和身体的肌肉锻炼。就像我在前面说过的，当中有个非常实际的问题，如果不摆正姿态，打开心胸，连选择、决断做起来都是很难的。头脑、心灵、身体，三者相互关联，密不可分。

其次，是战略性思维。使实践更加有效的战略，即俯瞰力这种力量。以俯瞰的着眼点看些什么呢？

时间，空间，还有关系。

这里，我们假设着手点是书。一开始，你觉得必须对那些书做些什么，于是开始处理它们。此时，假如你胡乱盲目地舍弃，就毫无战略可言。这里所指的战略，即我在前文再三阐述过的，审问自己，那些书对当下的自己而言，是不是需要、合适、舒服的存在。当下的自己，换言之，即采用"现在"这个时间点和"物品与自己的关系是否良好"的视角来看问题。

然后，原本在整理物品和书籍的你，会逐渐发觉自己在创造空间，即从物品的整理转变为空间的整理。

过程中不断发生变化的，是信息。

假设一开始，你从网络或电视、杂志上看到"断舍离好像不错"的信息。但是距离知识的确立，还有一段距离，得通过书本的形式了解断舍离的理论，才能成为知识。接下来就是实践。通过日复一日的生活实践，将其从信息变为知识，再将知识深化为智慧。

所谓智慧，跟信息、知识不同。当你束手无策、烦恼不已时，智慧总会苏醒，鼓励你，帮助你。人的智慧与知识不

■ 断舍离的俯瞰图

在俯瞰的
基础上制定
战略
（着眼点）

俯瞰什么

时间　空间　关系

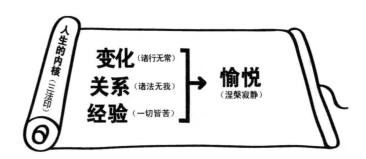

人生的内核（三法印）

变化（诸行无常）
关系（诸法无我）
经验（一切皆苦）

→ **愉悦**
（涅槃寂静）

断舍离的
实践
（着手点）

信息　　　　知识　　　　智慧

同，它能够在任何时刻任由我们自由运用。

世上的知识无穷无尽。有关佛教哲学的书或是以梵文书写的艰涩典籍等如今都能入手，更不要说网络上堆积如山的信息了。

我的瑜伽老师曾对我说："学习，体验，而后冥想。"换言之，通过冥想，也就是俯瞰，将学习和体验升华为更加深刻的理解。

最初，老师的这句话于我而言也不过是知识罢了。然而，我将其铭记于心，用自己的方法落实在日常生活的实践中，尽管表面看来可能跟瑜伽没什么直接联系。并且，我长年累月地磨砺、深化它。这就是断舍离。可以说，我亲身感受过通过断舍离将学到的知识不断深化为智慧的奥妙。

三法印，加上俯瞰的战略，以及舍弃物品的实践，方可到达"离"的境界。所谓"离"，即愉悦自在的状态。**自在，即本初、自然。自然地思考、感觉、感受，时而关照他人、世人和社会，又能自在地以自我为轴心去发表言论，做出行动，与世界甚至宇宙整体达到和谐，一切顺风顺水**。这是终极意义。

不说那么宏大，我们也可以在日常生活中，一点点找到自在的感觉。

Part 03

自在力萌芽
的瞬间

　　用我的合气道老师的亲身经历给大家作参考，看看自在力是如何萌芽的。

　　如今的他，是财政界大佬以及活跃在一线的艺人的武术教练，指导这些社会名流合气道、东方传统体操以及有节律的呼吸运动。但当时，他二十来岁，初出茅庐，还在师父家中做住家弟子，给日本警视厅机动队做了三年合气指导。有一天，他当时的师父命令他说："你去幼儿园教合气道。"

　　但是，这个身穿合气道服，裹着和服裙裤的大男人一出现在教室里，就把五十个孩子吓得号啕大哭。之后的半年，他每次上课都会引得孩子们大哭，根本没法教任何东西。

　　不过，人往往在无计可施时才最有可能发挥潜力。他绞尽脑汁，决定首先从出场方式上下功夫，走进教室时不马上把脸露出来，而是先伸出手，做些刚刚学会的《拳头山里的狸猫先生》❶的手部游戏。孩子们渐渐对他卸下心防。

然而，即便和孩子们关系好了，要教那些一刻不消停的孩子们武道，也不是那么容易的事。他在教机动队时，常用喊话的方式激励他们："拿出干劲来！"可是，这一套对小孩子一点用都没有。因此接下来的第二个问题就是，如何让这些孩子学习正坐和默想。在这个环节，他也下了一番功夫，跟孩子们玩起了"闭起眼睛就能到月亮上去"的游戏，让孩子们玩在宇宙里游泳的游戏，让他们全都闭上眼，然后告诉他们："看，是不是看到小星星了呀。"孩子们自然就开始喜欢上闭眼了。他发现，只要是好玩的事，孩子们就会入迷。

不过，光是有趣还不能完全解决问题。所以，他偶尔还是得批评一下。可孩子天性好动，这边刚批评完三个，那边又出来五个调皮捣蛋的。为了让孩子们保持安静，他采取了一个策略，对那个最吵闹的孩子说："哎哟，你真乖。"这样一来，其他孩子也全都安静下来了。

最后，他给孩子们创造动力，办法是给那些学得好的

---

❶ 日本家喻户晓的童谣，由香山美子作词，小森昭宏作曲，冈崎裕美演唱。

孩子系上丝带。擅长前空翻的孩子系红丝带，正坐法学得好的孩子系紫丝带。实际上，人类运动神经的好坏在幼儿园时期就已经成形了，因此，为了让每个人都能通过努力获得丝带，他特意在排序上下了功夫，强调获得紫丝带最了不起，而紫丝带代表的是跟运动神经最没有关系的正坐法。

他的这些办法令孩子们能够主动学习正坐和默想了，甚至连在佛事会场保持正坐一两个小时也丝毫不在话下，着实让他们的父母吃惊了一回。后来，师父离开了幼儿园，重回机动队做指导，但自那以后，他的指导方法发生了革命性的变化。

从这个故事里，我们可以清晰地看到获得自在力的过程。

因为和孩子之间几乎没有共通的语言，所以一开始，师父手足无措。尽管断舍离常告诉我们："与其在意别人的不快，不如取悦自己。"但对方有五十个人，又都是小孩子，简直要把大人愁哭了，顶多只能抱怨着"孩子们根本不听我说什么"拖延时间，直到指导期结束。

那么，为什么师父没这么做呢？也许是"放弃"成就了一个好开头吧。正因为对孩子说了他们也不可能明白，所以一开始就必须**放弃"被理解"的期待**。期待"被理解"，并把这个诉求表达出来，反而会带来反效果，之后再做的工夫，也就只能建立在认输的基础上了。

而之所以这种新的指导法在给机动队的指导中起了革命性的作用，是因为说到底，大人跟小孩是一样的，只不过大人之间碰巧能沟通罢了。实际上，人们之间仅仅通过对话能否真正做到相互理解，这还无法盖棺定论。语言为我们带来便利的同时，也会为我们招致一些麻烦。话一旦出口，我们通常就会抱着自我满足的心态，想着"我已经把所想的传达出去了，后面就拜托了"，把理解的责任放到对方身上。这并不能算是真正的沟通。

无论对方是孩子，还是大人，都**必须摆脱依赖他人的想法**，改变姿态，主动地去打动对方的心。比起用正攻法，即直接用语言正面传达自己的想法，不如**一边俯瞰，一边预测对方的动向，变换角度，制定战略令语言和行动更加有效，并付诸实践**。这就是自在状态赋予的绝招。

Part 04

我们身边的
自在力

拥有自在力的人，大多是那些被我们称为"有真才实学"或"一流"的人，这是个不容争辩的事实。或者可以说，自在力是那些需要做策划、指导、协调之类工作的人本就该具备的能力。

话虽如此，本书倡导的自在力，却并非能让大家成为大人物的秘诀。通过断舍离所能获得的，是自立、自由、自在的境界，是一种任何人都能获得的状态。在这个共识的基础上，让我们来看看拥有自在力的人所具有的特点。

·在服饰、饮食、住所、对话等方面无不渗透着鲜明的个人特色，品位卓越。

·总是在机缘巧合下，遇到想见的人，获得他们的主动联络，得到想要的物品，获取必要的信息，时机准确。

·金钱的能量流从不停滞。

·能用简单明了的比喻进行说明，对事物拥有属于自己独特的解释。

·并不刻意地说出什么名言警句来，无意中的一句话就具有直抵本质的厚重力量。

·给出的建议明确，因此常成为人们想要与之商量的对象。

·言行一致。

·一旦决定要做的事，就能以超高的集中力完成。

·对时间的感觉应时而变，时而一瞬即逝，时而充裕有余。

·对神佛等伟大的存在常怀感恩、敬畏之心。

·不拘泥于灵性世界等看不见的世界。

·无论身处境况如何，感恩之心总先于不满，并且不忘保持谦虚。

前不久，我参加了一个电视节目的录制，在节目中拜访了一位年轻搞笑艺人的家。

他的烦恼，表面看来似乎是房间的杂乱无章，但是深入挖掘一下，就会发现真正使他烦恼的是想要个孩子却得不到，以及最近人气又开始下降，对恢复人气束手无策。据他自己说，这两个问题是最让他头疼的。

看着乱七八糟的房间里，物品毫无秩序散乱放着，我不禁脱口而出：

"对搞笑艺人来说，最重要的难道不是品位吗？这个房间有品位可言吗？！"

这番话让他一下子就愣住了。因为他没想到我会透过房间整洁与否责问他搞笑艺人的品位这么本质性的问题。然而，只有戳穿这个本质问题，才能点燃他的干劲。

住在一个乱七八糟，毫无情调可言的房子里，嘴上说着"我想要孩子，妻子却没这个想法"这些都证明，他不是一个擅长以俯瞰视角看待事物的人。然后，我告诉他："所以，为了获得俯瞰力，你得开始收拾房间。"他非常爽快地接受了我的建议，并且十分努力地付诸实践。

搞笑艺术的品位、时尚的品位、日常生活的品位，你可能会以为这三者各不相同。但事实上，它们全都是相通的。所谓品位，即将事物抽象化、单纯化，并抓住其本质的能力，也是能够用自己的经验与知识，自在地解释事物的能力。或者说是，创造性地表现事物的能力。总而言之，**品位**

是俯瞰力和具有独创性的自在力的结果。

随着品位不断提高，就能慢慢做到不直截了当地将所掌握的本质表现出来，而是稍微下点功夫加入些调味料，做出变化来。通过加入变化元素，更加突出本质，发现新的魅力，就像施以魔法一样。所以，他如果想锤炼自己的品位，首先必须俯瞰住所的整体环境，锻炼思考能力，制定战略，改变妻子的想法。与此同时，继续收拾房间的实践，磨砺思维、感情、感觉，通过对物品的分类，锻炼俯瞰力。以上是我给他的建议。

在物品和思维都一团糟的情况下，很难谈品位，这就是为什么断舍离要求各位减少物品数量，运用总量限制法——看不见的收纳工具放满七成，看得见的收纳工具放满五成，观赏用的收纳工具则只能放满一成。首先要把头脑和住所导向中性的状态，用品位增添特色是后话了。如此一来，就能充分调动真正具有原创性的敏感性，摸索该如何自由自在地表达自己。以上是我的观点。

我们身边那些拥有自在力的人，几乎都是能穿出属于自己的时尚的人。即便他们穿戴着叫不出牌子的服饰，也总会被人询问："这是哪里买的？"自在力就体现在这些日常生活中微不足道的细节中。

比如那些让人感觉总能在无意中说出一句直抵本质的话的人。他们往往能准确感觉到并表达出每个行业、每个领域都共通的真理，说得更具体一些，他们是擅长比喻的人。只要学会俯瞰事物，就能把发生在某个领域的事抽象化，发觉"那个和这个挺像的呢"，由此及彼地做出解释。把握以上关键表现，再去认真观察一下那些你觉得"有自在力"的人，就能发现许多蛛丝马迹了。

前不久，我偶然听到一位著名的替代医疗❶先驱者，说了一句非常精彩的话。

"那些觉得不可能的人，不该阻碍想做的人去行动。"

这位先驱者承受着众人的嘲笑和批评，以及"那种事不可能做得到"的质疑，依然坚定地走自己的路。这句话的内涵十分深沉，厚重。

这短短的一句话，引起了我深深的共鸣，更勾起了我许多的联想。

"批评的一边""被批评的一边"，如果非得二者选其一，我会选哪一边呢？

断舍离也并非总是在周围人善意的理解中酝酿成长至

❶ 替代医疗是指尚未在医学院校讲授的医学知识，尚未在一般医院普遍实践的医学和医疗方法。例如中医（中药、针灸、指压、气功）、印度医学、免疫疗法（淋巴球疗法等）、芳香疗法等。

今的。即便如此，作为一个先驱者和实践者，也许视各种批评为可贵的意见，勇往直前，就是使命所在吧。"批评的一边"，还是"被批评的一边"，答案不言自明。

Part 05

用好奇心
代替否定

　　我们总想听含蓄的话，希望别人对自己说含蓄的话，所以才会汇聚在那个拥有自在力的人身边。不用说，那个人一定拥有足够吸引你的魅力，但你知道他们最大的魅力是什么吗？就是他们从不否定他人。更准确地说，是无法否定他人。因为他们总是能看到并接受他人的真实面目，也就是说，他们已经到达了共鸣和宽容的境界。

　　任何人都不喜欢被否定，因为被否定很可怕。然而，否定一个人与否并非完全体现在语言上，而是要综合考虑情绪、态度、行为和结果。

　　骂别人是笨蛋的人，未必不宽容。有时候情况可能正相反。

我的瑜伽老师就是一个生起气来十分激动的人，但他的怒气往往能带来一些好结果，所以很多人并非单纯来学瑜伽，也为了听他的批评。一次，一位重病患者几乎是被陪同的人拖到师父的面前，师父吓唬他说："到那座山上等着吧！我好好让你吃点苦头！"那人害怕得直打战，竟然自己走着回去了。其实，师父早就看出他已经可以走路了，可能一开始是身体原因所致，但在当时，却是心理原因造成的。

　　也许有人会说："既然如此，为什么不直接说明呢？"有时候，直接说明只是方便了说明者自己罢了，重要的是要出结果。只有拥有了自在力，才能为了出结果，在不同情况下自由转换方法。世人常说的"能真正生气的人，才真正温柔"，也是一个例证。人们总是被那些不会否定他人的人所吸引。

　　我们把视角拉回到日常生活中。以前，我曾听人抱怨过在人际关系中的种种不满，那是个感情极其细腻的女性，她觉得和她一起工作的男同事都很会算计，总是毫不体贴地直接问："成本多少？""能获得什么利益？"她不知道该怎么跟他相处，不擅长跟这样的人交际，但周围也有和他相处得不错的人。说实话，她不明白为什么那些人能跟他相处得那么好。

换句话说，这位女性正在为与那位男同事价值观不合而烦恼，同时还存着一丝疑惑，为什么自己怎么都觉得"这个人好奇怪"，而其他人却能很好地与之相处。

断舍离的理念是，价值观不同是十分稀松平常的事。正因为我们总想迎合别人，或让别人迎合自己，才会造成摩擦。这种时候，有一个转变心态的秘诀，即享受差异和其中的趣味。在不会侵蚀自己的生命，即第四章所阐述的"三个生命"的前提下，尽情享受人与人之间的差异即可。换言之，如果和某人交往会给身体健康带来恶劣影响，会让自己在家庭或职场等社会场合中的立身之所受到侵蚀，会否定自己的精神和价值观，那就有必要摸索出一条解决方案来。若非如此，则愉快者得胜。

试试抱着好奇心接纳对方，这是丰富我们内在多样性的重要一步。当你觉得"这个人好奇怪"时，不妨将其作为丰富多样性的绝佳机会吧。

Part 06

游刃有余地处在
"**龙蛇之眼**"间

从前参加一个电视节目时，曾有幸得见某位搞笑艺能界的权威人士。

搞笑艺术是一门需要相当智慧的学问，因此我历来非常敬重搞笑艺人。有一阵子，节目的焦点是日常生活中的整理术，以及扔东西这种方法的重要性，详细介绍了断舍离。录完以上内容，节目的最后，那位搞笑艺人特意说了这么一番话：

"我明白舍弃多余物品这种方法十分有效，然而在演艺的世界，幽微的心思如此重要，实在很难做到说舍就舍。"

我听完后，觉得很有道理。正因为他已然拥有了自在的境界，才能做出这样的评价。

幽微的心思，也可以说是对人、事、物的感情、念想，以及时常变化、摇摆不定的细微之心。任何人都有这种幽微的心思，它能令一个人更具人情味，但偶尔也让人不知如何应对。

不过这位搞笑艺人想表达的，未必与我们经常陷入的踌躇逡巡在同一个层次。这一点，只要看过他的作品便了然于心。

对于任何创造性、创作性的艺术工作而言，断舍离式的感受力都不可或缺。以俯瞰的视角看待整个作品，自然会为了传达心中真正想传达的而忍痛割爱。在不断舍弃的过程中，作品才会更加精致、凝练。创作就是不断舍弃的过程，唯有如此，才能令创作之物升华至完美的状态。而这样的作品，也必定会得到较高的评价。它们有些一问世，便立即得到众人的追捧；有些则太过超前，社会的评价往往滞延。

那位艺人的作品已经达到了相当高的艺术境界，他的那句"幽微的心思"因而更加意味深长。

从某种程度上说，艺术的层次高于生活。在艺术的领域中，舍弃、凝练与全神贯注于幽微的心思，缺一不可，同样重要。然而这种姿态，对于**在日常生活中或是在生活方式上不断提升自我水平**，不也同样重要吗？

东方人常说的"龙之眼，蛇之眼"，西方语境中的"bird's eye, worm's eye"（鸟之眼，虫之眼），指的都是从远处眺望和在近处观察，两者的重要性不分上下。

从自己的感情、念想中抽离出来，以俯瞰之姿眺望自己的人生，自然能分辨出不需要、不合适、不舒服的人、事、物。在不断舍弃的同时，不忘回归对人、事、物最朴素真挚的情感，回到当下所在之处，再次确认可贵的人、事、物的可贵之处。**如果要从真正意义上丰富我们的人生，就必须学会自如地切换视角，从一个相当的高度俯瞰事物**。如此不断地重复，持之以恒，不仅能够拓宽诠释事物的灵活性，更能够极大程度地激发创造力。

能够自如做到由远而近细心品味内心感受的人，才能称得上是真正接纳自己和他人，并对他人持有同理心的人。这位艺人深受愤怒、悲伤和郁结之苦，于3·11大地震爆发之时所说的话，令人至今记忆犹新：

"这次的地震，并不是一起死了两万人的事件，而是一个人死去的事件发生了两万起。"

光有高视野是不够的，也不是说只要对人、事、物怀有感情就万事大吉。所谓自在力，指的是能够二者兼顾，并真正发挥出同理心和宽容的力量。

Part 07

黑色愤怒与
白色愤怒

在第三章里，我为大家阐述了该如何消解因自己一厢情愿的期待而产生的愤怒。实际上，愤怒有两种——黑色愤怒与白色愤怒。

黑色愤怒即自己一厢情愿的愤怒。没有确立起自我轴心，就容易对别人提出种种要求，比如"想让某人做什么""希望某人做什么"以及"希望某人为自己做什么"，等等。一旦对方不能满足自己的期待，黑色愤怒便难以抑制汹涌而出。

那么另一种愤怒，即**白色愤怒**，又是指什么呢？其实它指的**就是我们常说的义愤**。"这种事不应该发生""为什么会变成这样"，诸如此类的情绪。

这种**白色愤怒的前提是拥有俯瞰力**。自我轴心尚未确立时的愤怒通常来自事情的发展与自己的期望相悖，是一种一厢情愿的情绪。而掌握了俯瞰力，逐渐掌握人、事、物的本质后，愤怒的起因便迥然不同了。**这种愤怒，通常会成为拥有自在力的人创造事物的能量。**

　　断舍离也不例外。

　　我至今都清晰地记得二十多年前在电视上看到库尔德难民的孩子们，穿着破旧不堪的日本小学生体操服，胸口还缝着日语写的姓名牌。那些孩子平时住在难御严寒的帐篷里，他们对身上的衣服心怀感恩。

　　相反，把视角转移到我家的壁橱，里面还躺着几件暖和的毛线衫。它们简直像是衣橱的肥料，而我，早已忘记它们的存在。这就是现实。那种对物资分配不均的愤怒和愧疚，令我难以忍受。正是这种心情，激励我走上了断舍离之路。

　　去年，通过断舍离的活动和与旧货商店的合作，我们重新打通了物品流通的通道，让物品流向那些物资不足的国家。我坚持做活动已经十几年了，这件事于我而言是莫大的收获，我对此也感到十分欣慰。

　　而这种欣慰，也是达到自在的境界后，为他人做出贡献而反馈回来的新感受。

托大家的福，断舍离拥有了许多同伴，这令我们能做到的事情越来越多。我就是抱着这样的信念，不断燃烧着自己白色愤怒的火焰。

Part 08

工作是一种
自在的境界

　　我的工作是杂物处理咨询师，为清理住所和心灵的废物（杂物）而奋斗的工作。

　　无意中，我用了"工作"一词，不过我还是认为，**工作并不等同于劳动，更不是职务。**

　　我将工作定义为侍奉神灵。神的结构，是渺小人类的智慧所难以企及的生命机能和宇宙法则。正因为它，我们才能真实地存于世上。即便不能像宇航员那样飞到宇宙空间去，只要改变一下视角，你也会发现世界上充满着各种不可思议的奇迹。虽然微不足道，但我们每一个人都是宇宙的构成要素之一，而在这个宇宙中完成自己的使命，不就是在侍奉神灵吗？听起来太夸张了吗？

包括家务和育儿等没有报酬的事情在内，工作是人们生活的基石，存在的意义。每个人都有属于自己的使命，这才是自然的状态。

完成使命的过程中，虽然不可避免地要遭遇问题，必须付出辛勤劳动，但我们始终得保持自主的姿态，你必须拥有"这项工作只有我能胜任"的自豪感。它既不是用于换取金钱的不得已而为之的劳动，也不是义务性的职务。

换言之，**即便实质内容相同，让它成为工作还是劳动或职务的决定性要素，也还是我们自己。**

事实上，只要掌握了俯瞰力，明白了能量的本质，就能进入以下阶段了。

我们一般会把金钱和能量用在自己和家人身上。首先，我们会因为使用方法高明与否而烦恼。当你能够高明地为自己花钱，或使用能量时，就证明你已经确立起了自我轴心。换句话说，你开始做到在生活中实现自我价值，确保能量符合自己的生活规模，并令其良性循环。

然后，在坚持不懈的断舍离训练下，进入全新的自在境界。

接下来，你就能将能量用于帮助他人了。这就是"献身"的阶段。到了这一步，能量循环将变得更加庞大。

通过断舍离所能到达的更高境界，就是"献身"。关注的焦点是，帮助他人会令多少能量以怎样的形式循环回到自己身上，又怎样将循环回来的能量以更多的形式去帮助他人。同时还能明白，这种做法不仅能帮助他人，对自己也有百利而无一害。我自身所从事的断舍离相关活动，也是自在力的一种呈现方式，这种活动的营养源是自我认同感。不仅仅限于断舍离，来自他人的理解和共鸣也会使我们更加肯定自我，并从中获得更多的自在力。

在这里，我希望大家切勿忘记一点，即献身的境界，必定建立在确立**自我轴心**的基础之上。

没有自我轴心，帮助他人这件事从根本上就不可能办到。

没有自我轴心，便难以在帮助他人时，恰如其分地掌控距离感。

没有自我轴心，遇到不顺心的事时，便会把责任推卸给别人。

没有自我轴心，也就是不喜欢自己的人，不可能真正喜欢别人，更不要说从真正意义上对社会、人类、地球等宏观存在抱有慈悲之心了。

希望大家在为他人、国家或地球做贡献之前，首先做到时常审视自己的内心。

Part 09

卷起内裤，
享受自在

回想起来，我之所以邂逅断舍离，并走上不断磨砺的道路，正是因为我希望获得品位，即自在力。

曾几何时，我根本不知道该如何面对收拾、整理、整顿等所谓的生活技能。说到底，我并不认为社会上那些整理术、收纳术能从根本上解决问题。不仅无法解决问题，相反，它们甚至会让我陷入泥潭中无法自拔。把那些根本不用的，不需要、不合适、不舒服的物品，整整齐齐地装满住所，想来也只能是招致混乱吧。

尽管自觉性的高低会带来一些差异，但基本上我们每天都在笨拙地和物品战斗着，并且大多数时候以失败告终，将生活的主动权交给了物品，无法分辨与发挥生活真正需要的品位。

有些人可能将父母作为生活技能的榜样。然而非常遗憾，我家的情况是，父母也是笨手笨脚的。母亲和女儿，两个笨拙的人总是处于相互斗争之中。要是我擅自扔掉母亲的东西，母亲一定会生气，可母亲又总是喜欢买些莫名其妙的东西回来，把家里弄得乱七八糟。我们两人简直像在通过物品向彼此显示自己的势力，基本上就是这种情况的不断重复。

结果是，我觉得这么活着实在太愚笨了，但学校又绝不会教我们如何活得更好的技巧，家政课上教的那些东西也有些似是而非。音乐有乐谱，料理有食谱，然而却没有任何东西能让我们对生活的要诀一目了然。再加上身为榜样的父母自己也是一团糟，粗糙、笨拙的连锁从不间断。这就是近百年来我们每个人身处的状况。

在此期间，物品极尽多样化，不断增多直至几乎满溢而出。不知不觉间，在我们的生活中，"过剩"取代了"丰富"。时代和社会疾速发展，远远超过了人类自身进化的速度。仔细想来，我们怎么可能追赶得上那种速度呢？所以就需要搬出断舍离最拿手的"不为所动"。

"可是没办法啊！"

"时代和社会就是这样啊！"

这么想，是不是会轻松一点呢？嗯，这也是俯瞰力的招式之一。

仔细想来，我们所背负的又何止是物品，那些不必要的观念何尝不是让我们作茧自缚呢？

曾几何时，我也经历过住所和心灵都一片混乱，前途一片茫然，飘渺不可见的阶段。想改变自己，却又不知该从何处下手。命运二字犹如重负一般压在身上，我甚至陷入过绝望，以为自己无能为力。然而，只要掌握真正正确的知识，采取正确的行动，就能将知识转化为智慧，掀起一场人生革命。无需寻求外援，只凭自身力量即可。

究竟何为幸福？幸福的表现因人而异，但有一点却适用于任何人，即**幸福是处在愉悦的状态之中，以及获得真正意义上的自立、自由、自在**。而维持那种状态的自己会成为怎样的人，享受怎样的邂逅，就真的只有上天才知道了。

为此，我们需要每天实践的是：

·收纳毛巾时使其立起，以便拿取。自立。

·将眼镜分类整理排列，以便能够瞬间做出选择。自由。

■ 日常生活中的自立、自由、自在

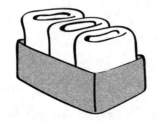

自立

将毛巾等布制品放进盒子中，并使其立起。

自由

将杯子、餐具等分类陈列，以便自由选取。

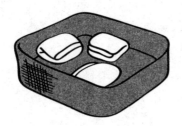

自在

将内裤、袜子等内有橡胶松紧带的服饰卷起，注意防止其松开，随意摆放。

·卷起内裤，收纳在盒子里。自在。

然后，俯瞰整个住所空间，丢弃抽屉和桌子上那些不需要的物品。在日常生活中，认真培养这些小小的勇气。改变命运的线索，就在住所之中。

人生有限。那么，我们该如何享受这段有限的时光呢？

起点永远是"现在、这里"，并且"从我开始"。这场让你能够更加愉快、果敢地过好自己的人生的天空之旅，已经开始了。

最后，我想用一段来自歌德的充满力量的话作总结，并为我们的起飞加油助威。

献身

无论你开始做什么事，

有一个基本真理永远适用。

如果你不知道，

搞砸无数灵感，

和出色的计划。

那是，

人下定决心，

认真去做一件事的瞬间，

神的帮助也会随之而来。

一切不可能的事都发生了，

只为助你一臂之力。

是决心，

决定了事情的大致走向，

朝着有利的方向行进。

做梦都不敢奢望的，

各式各样预料之外的事情，

全都发生在你身上，

与人的邂逅、物质上的援助纷至沓来。

无论如何，

开始梦想那些似乎能做到的事吧。

大胆中藏有睿智、力量和魔法。

现在，马上开始。

后记

观自在菩萨，
观存在于自己心中的"菩萨"

全文仅260个字的佛教经典《般若波罗蜜多心经》，从"观自在菩萨"5个字开始。从学术的角度上如何解释"观自在菩萨"这个难懂的词，自然应该交给专家来解答。

我第一次接触《般若波罗蜜多心经》的时候只有二十岁出头，当时只是不求甚解地大声诵读。

"观自在菩萨"，就是说"自己寻求开悟之心，即观菩萨心所在之处。需知人人心中都住着菩萨"。直到现在，我都记得当时自己对心经内容的认同。

此外，另一个吸引我的，是"自在"一词的文字和读音。

自在，究竟意味着什么呢？自在，究竟指的是怎样的状态呢？

"不为任何人左右，不受任何限制，以自己最自然、本初的姿态自处。"

如果这就是自在，那自在该是多么令人向往的状态啊。记得年轻的我，一边心驰神往地大声诵读《心经》，一边反复思索着"自在"和"菩萨"的深意。

现在，我又有了新的体会。

为了以自己最自然、本初之姿自处，即进入自在境界，需要发现并观察自己内在的菩萨心。

菩萨，并非寺庙里庄重供奉着的佛像，也不是佛经里那些遥远过去的尊贵存在。

菩萨，即"寻求开悟之人"。

为了开悟，当然也为了自我救赎，不懈修行。

是否用"开悟"这样达观的词来表达暂且不论，我们心中原本就有磨砺思考、感觉和感受力，从而拥有更深刻的洞察、更高远的观点和更广阔的视野的欲求，然后运用它们开拓属于自己的人生，同时也为别人做出贡献。虽然平时这种欲求被掩藏了起来，但它原本就自然存在于我们心中。

断舍离要在日常生活中不断实践，可那绝不是枯燥艰苦的修行，而是每日愉悦而不懈的经营。

为了使自己保持自我，必须自己思考、感觉、感受，并且反复地自己做选择和决定，如此日积月累。

　　俯瞰力，是让我们自由转换视点，以保持自在状态的力量。

　　菩萨，是上述实践和力量的源头，我们内心所处的状态。唯有忠于心声，才能充分发挥自在力的真实价值。

　　观自在菩萨，观自己内心的"菩萨"。那是一条发现本然自我之路，是对生命本然状态的憧憬，也是对他人本然状态的珍视。

　　说到底，一切不过是我的解释，但正是这些解释，孕育出了以愉悦人生，充分享受生命乐趣为目标的断舍离。

　　欢迎来到断舍离的终极阶段——自在力。在此，向各位献上我由衷的爱与感谢。

　　谢谢。

2013年8月